鄂尔多斯高原风沙区植被生态修复机理研究

吴永胜 巴图娜存 长安 ◎ 著

中国财经出版传媒集团

经济科学出版社
Economic Science Press

·北 京·

图书在版编目（CIP）数据

鄂尔多斯高原风沙区植被生态修复机理研究／吴永胜，巴图娜存，长安著 . -- 北京：经济科学出版社，2024.7. -- ISBN 978 - 7 - 5218 - 6090 - 0

Ⅰ. Q948.15

中国国家版本馆 CIP 数据核字第 20248FP151 号

责任编辑：白留杰　凌　敏
责任校对：郑淑艳
责任印制：张佳裕

鄂尔多斯高原风沙区植被生态修复机理研究

EERDUOSI GAOYUAN FENGSHAQU ZHIBEI SHENGTAI XIUFU JILI YANJIU

吴永胜　巴图娜存　长　安　著

经济科学出版社出版、发行　新华书店经销

社址：北京市海淀区阜成路甲 28 号　邮编：100142

教材分社电话：010 - 88191309　发行部电话：010 - 88191522

网址：www. esp. com. cn

电子邮箱：bailiujie518@126. com

天猫网店：经济科学出版社旗舰店

网址：http://jjkxcbs. tmall. com

北京季蜂印刷有限公司印装

710 × 1000　16 开　11.25 印张　180000 字

2024 年 7 月第 1 版　2024 年 7 月第 1 次印刷

ISBN 978 - 7 - 5218 - 6090 - 0　定价：46.00 元

（图书出现印装问题，本社负责调换。电话：010 - 88191545）

（版权所有　侵权必究　打击盗版　举报热线：010 - 88191661

QQ：2242791300　营销中心电话：010 - 88191537

电子邮箱：dbts@esp. com. cn）

前　言

鄂尔多斯高原地处黄河"几字湾"的南岸，是宁陕蒙三省区交界地带，是黄河流域重点区域和我国北方生态安全屏障的重要组成部分，具有特殊的生态和战略地位。鄂尔多斯高原南部是毛乌素沙地，北部是库布齐沙漠，总面积为 1.3×10^5 平方千米。在过去很长一段时间里，鄂尔多斯高原风沙危害十分严重，是制约经济社会发展的主要环境因素。随着近几十年"三北"防护林，退耕还林还草和京津风沙源治理等一系列以植被建设为主的国家重点生态环境建设工程的实施，沙区植被盖度显著提高，人居环境得到大幅改善，水热条件良好的南部地区甚至通过人工固沙植被的建设实现了沙漠化的逆转，被称为是我国乃至世界上植被固沙的典型区域。然而，以往过于注重固沙植被短期恢复效益的植被建设活动导致现有的防风固沙植被体系经过一定时期的恢复先后出现了不同程度的退化甚至死亡的现象，已成为影响区域生态安全和经济社会可持续发展的重要因素。相关理论研究滞后，特别是固沙植被生态恢复机理的认识不足，缺乏对实践的有效指导是造成这种现状的重要原因。因此，科学、全面认知固沙植物生态修复机理，进而探索适宜区域自然环境条件的植被恢复模式和途径是筑牢我国北方生态安全屏障建设过程中的重大科技需求。

本书通过开展固沙植被恢复区生物结皮发育特征，固沙植被恢复区土壤理化性质的变化，固沙植被恢复区土壤水量平衡特征，固沙植物水分利用特征，固沙植物水分利用效率时空变化特征，固沙灌丛下凝结水特征等八个章节内容，以加深对区域植被生态修复机理的认识，为沙区植被建设提供实践参考。

本书撰写的分工情况如下：第 1 章由巴图娜存和长安负责撰写，第 2 章至第 8 章由吴永胜负责撰写。本书出版过程中，得到了国家自然科学基金项目（42061017）、内蒙古自治区高等学校青年科技英才支持项目（NJYT24010）、内蒙古自治区自然科学基金项目（2022MS04002）、内蒙古自治区重点研发和成果转化项目（2022YFDZ0036）和内蒙古师范大学地理学一流学科科研专项项目

（YLXKZX-NSD-002）的共同资助。

　　由于出版周期短，时间紧，任务重，加之编者水平有限，书中难免存在不足之处，望使用本书的教师、学生和相关工作者提出宝贵意见，以便我们及时修正。

作　者
2024 年盛夏于呼和浩特

目　录

第1章

鄂尔多斯高原基本概况

1.1 地理位置及地形地貌特征

1.1.1 地理位置

鄂尔多斯高原位于黄河流域中游，地理坐标37°20′~40°50′N，106°24′~111°28′E，是我国半干旱区向干旱区的过渡带（见图1-1）。西北起贺兰山和桌子山，向东和向南分别延伸至陕北和山西北部黄土丘陵沟壑区。高原大部分海拔在1300~1500米（黄成等，2023）。

在行政区划上，鄂尔多斯高原涵盖了内蒙古自治区鄂尔多斯市全境，乌海市海勃湾区，陕西省神木、榆林、横山、靖边、定边5县的北部风沙区，宁夏回族自治区的盐池、灵武2县的部分地域和陶乐县全境（见图1-1），面积12万余平方公里。

1.1.2 地形地貌特征

鄂尔多斯高原是内蒙古高原的主体部分之一，是一个近似方形台状的干燥剥蚀高原，其高原地形总趋势是由南、北向中间隆起，中西部、西北部高，东南部即四周低，最高处在西部桌子山，主峰海拔高2149米；最低处在东部准格尔旗马栅乡，海拔高850米，绝对高差1299米。脊线大致在

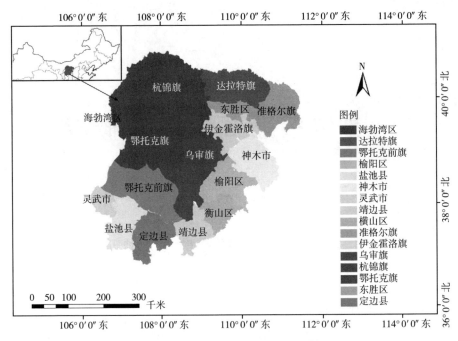

图 1-1　鄂尔多斯高原地理位置

北纬 39°40′，即东胜区的潮脑梁、巴音蒙肯、罕台庙、泊江海子以及杭锦旗四十里梁，脊线海拔高程多在 1400～1500 米，形成天然的地表分水岭（王芳，王琳，2017）。

　　鄂尔多斯在构造上属华北地区鄂尔多斯地块，东部为晋西挠褶带、伊陕斜坡，西部为天环向斜。晋西挠褶带位于鄂尔多斯的最东部，由寒武系和奥陶系构成，呈南北向长条状展布，东以离石大断裂与吕梁隆起相接，向西过渡为伊陕斜坡，区域构造东翘西伏，总体呈单斜形态，地层倾角 5°～10°，深层倾角大于浅层。伊陕斜坡由石炭系、二叠系、三叠系、侏罗系构成，位于鄂尔多斯东部，区内基岩起伏甚小，沉积盖层倾角平缓，仅有小型鼻状构造与小型断裂，石炭系、二叠系、三叠系、侏罗系地层均呈单斜状向西微倾。天环向斜位于鄂尔多斯西部，由白垩系构成。向斜轴部位于伊克乌素—布隆庙—鄂托克前旗—盐池—环县一线，呈南北向展布。

　　第四纪以来，鄂尔多斯高原主体整体抬升，除在相对凹陷区有河源相堆积外，大多处于剥蚀或剥蚀—堆积阶段，形成剥蚀波状高原和大面积风沙堆

积景观。中晚更新世，河流侵蚀作用加强，塬、梁、峁和沟壑组合的黄土高
原地貌景观形成，可以分为北部黄河冲积平原区、中东部丘陵沟壑区、中部
库布齐、毛乌素沙区及西部波状高原区四大部分。北部黄河冲积平原区成因
和地质构造与整个河套平原相同，同属沉降型的窄长地堑盆地，现代地貌主
要是由洪积和黄河挟带的泥沙等物沉积而成；中东部丘陵沟壑区属鄂尔多斯
沉降构造盆地的中部，地表侵蚀强烈，冲沟发育，水土流失严重，局部地区
基岩裸露；中部库布齐、毛乌素沙区大多为固定半固定沙丘，流动性的新月
形沙丘，库布齐多为细、中沙，而毛乌素则以中、粗沙为主，地下水赋存条
件很好；西部波状高原区地势平坦，起伏不大，海拔高度 1300～1500 米。

1.2　气象气候特征

　　鄂尔多斯高原气候的基本特征是温带四季分明的强大陆性、弱季风性、
干旱半干旱高原气候。主要气候特征有以下几点（李博，1990）：

　　（1）中纬度位置、四季分明。鄂尔多斯高原高空受副热带高气压带北缘
与西风带气候交替控制，四季分明。按照平均气温≤5℃为冬季、≥20℃为夏
季、5～20℃为春季、20～5℃为秋季的标准，四季日数的分布是：冬季 160～
170 天；春季 60～70 天；夏季 50 天左右至 80 天不等；秋季 60～70 天。冬季
漫长严寒，多寒潮天气，大部分地区可持续达 5 个月以上。春季干旱，多大
风天气，春季降水少于 34～44 毫米，占全年总降水量的 12%～16%，春旱
突出。≥17 米/秒的大风日数在 80 天以上，伴以沙暴天气，加重春旱。夏季
短促，降水集中，多温热天气。夏季只有两个月左右，降水量占全年的 60%～
66%；日平均气温偏低，最热的 7 月不足 22℃。秋季气温剧降，多晴爽天
气。这时由于冷空气不断南下，加上地面辐射冷却作用，气温下降很快。伴
随降温秋霜来得早，最早都出现在 9 月上旬，平均约在 9 月下旬。此时蒙古
国高压逐渐恢复，地面气温低，气流稳定，下沉气流形成少云晴朗的天高气
爽天气。

　　（2）季风气候与内陆气候过渡的弱季风性。因本高原距海较远，属内
陆区域。夏季风可抵达阴山南坡，北来气流下山于河套地区交绥，所以鄂

尔多斯又能受到一些海洋气流迂回，带来夏季降水，约占全年降水量的61%～65%。冬季受极地大陆气团控制，干燥少雨，降雨量仅占全年降水量的2%左右。风向有明显季变，冬天盛行西偏北风，夏天多西或东偏南风，体现了大陆性气候与季风气候兼有的气候特点，故而识定它为过渡性气候。

（3）年日较差大的强大陆性。在高原面上有极其广泛的第四纪沉积物所覆盖。沙质干旱地表，加剧了增温与冷却的下垫面物理效应。年较差达32～35℃；日较差也大，夏季一般在20℃以上，冬季多在15℃左右。

（4）内陆高原腹地的干旱与半干旱气候。区内年降水量为160～400毫米，自东而西由多到少，干旱与半干旱气候是本高原的主要气候特征之一。

1.3　水文与水资源

鄂尔多斯高原的水分供应来自大气降水、河川与湖泊以及地下水。高原年降水量地区分布悬殊，其趋势自东南向西北递减（阿拉坦主拉，2019）。高原的蒸发量趋势与降水量趋势相反，自东南向西北逐渐递增。高原径流分布趋势与降水量分布相似，东、东南大；西北小。高原东部的毛不浪孔兑、卜尔色太沟、黑赖沟、西柳沟、哈什拉川、呼斯太河等小支流自南向北汇入黄河；十里长川汇入黄甫川，牛川汇入窟野河（乌兰木伦河），与清水川、孤山川河、秃尾河自西北向东南汇入黄河。高原的东南部，黄河的一级支流无定河源于陕西定边县东南的长春梁东麓，流经毛乌素沙地南侧，沿途接纳纳林河、海流兔河、榆溪河等支流。高原西北部分布有内流河摩林河，还有黄河一级支流都思兔河，发源于鄂尔多斯市鄂托克旗察汗淖尔镇，向西经鄂尔多斯高原，于内蒙古与宁夏交界处流入黄河。除此之外，高原上还有分布较广泛的湖泊湿地。据统计，面积在1平方公里以上的湖泊有70余处，由于这些湖泊水源补给来自大气降水，所以水面面积和水质均不稳定，随着降水的多少而变化，面积较大的有苏贝淖尔、浩通音查干淖尔、浩勒报吉淖尔、巴嘎淖尔等。库布齐沙漠、毛乌素沙地地下水丰富，为天然的蓄水库，并且埋藏浅，丘间低地一般埋存1米左右，水质良好。

1.4　土壤与植被

1.4.1　土壤

鄂尔多斯高原的大部地区由中生代侏罗—白垩纪地层的杂色砂岩、页岩组成，西部还有第三纪地层的红色砂岩、沙质黏土（阿拉坦主拉，2019）。东部有第四纪风积黄土覆盖；北部、西部在长期的干燥剥蚀下，中生代砂岩出露，整个高原第四纪的风化残积物和湖积、冲积、风积物分布很广。现代地貌过程在鄂尔多斯高原的东部，尤其准格尔旗一带最为强烈，流水侵蚀，沟谷深切，深度一般为 200～500 米。高原北部东胜—四十里梁为南北分水岭，北部为库布齐沙带；南部为毛乌素沙地，沙丘与丘间洼地、湖泊相间分布。西部自鄂托克旗（乌兰镇）西为桌状台地，台面平坦。西北部有平均海拔为 1500～2000 米的桌子山一带。西南部向西倾斜与宁夏银川河东平原相接，为覆沙黄土低丘。鄂尔多斯高原东半部为栗钙土及黑垆土带，前者多在侵蚀剥蚀地区而后者多在黄土覆盖区，其中河谷滩地则有潮土、新积土和盐渍土分布。西半部为棕钙土地带，地形以桌状台地和剥蚀岗地为主。北部的库布齐沙带和东南部的毛乌素沙地则为风沙土集中分布区，毛乌素沙地因地形平坦，排水不良，形成了风积沙土和潮土的低丘地及风蚀洼地相间分布，构成独特的土被组合。

1.4.2　植被

（1）鄂尔多斯高原植被基本特征。鄂尔多斯高原从东往西随气候的逐渐变干，出现了不同植被类型的空间更替。从东部边缘中生性较强的草甸草原、典型草原和荒漠化草原，过渡到西部边缘的草原化荒漠。

①草甸草原仅见于乌审旗的东南边缘及准格尔的东缘。该区年降水量 400 毫米以上，湿润系数 0.4～0.5，是鄂尔多斯最湿润的地区。原生植被为白羊草草原，下面发育了黑垆土。因人为活动的干扰，这里的原始植被已全

部破坏。

②典型草原地处毛不拉孔兑沟—锡尼镇—乌兰镇—毛盖图—三段地一线以东。该地区年降水量300~400毫米，年平均温度5.5~8.7℃，>10℃积温2500~3541℃，年平均蒸发量2100~2700毫米，湿润系数大于0.23。暖温型典型草原植被发育在梁地、黄土丘陵及毛乌素沙地内的硬梁地等显域生境上。地带性土壤为栗钙土。植被以本氏针茅草原及其各种变体为主，严重侵蚀地段被百里香群落代替。沙地以油蒿群落为主，广泛分布了柳湾林，并有臭柏、黑格兰等灌木分布。低湿地以寸草滩等草甸与马蔺、芨芨草等盐生草甸为主。有大面积旱作农田，但产量不稳定。

③荒漠化草原带处于典型草原带以西，桌子山以东的广阔高平原上，年平均降水量150~300毫米，年平均气温5.7~7.1℃，>10℃积温2700~3100℃，年平均蒸发量2500~3000毫米，蒸发量是降水量的10~20倍，湿润系数0.13~0.23，土壤为棕钙土和灰钙土，后者仅见于南部。由于降水明显减少，群落的旱生性增强。植被以戈壁针茅、短花针茅等为主。旱生小灌木层片的作用显著增加，藏锦鸡儿、狭叶锦鸡儿有时成为建群种。沙地植被仍以油蒿为主，但丘间低地柳湾林及臭柏灌丛消失，出现麻黄、甘草等群落。低湿地以盐生草甸和盐生植被为主。这里已不能进行旱作，无灌溉即无农业。

④草原化荒漠带位于鄂尔多斯高原的西北边缘，包括桌子山低山丘陵及西山前平原。年降水量小于150~200毫米，年平均气温7.1~9.2℃，>10℃积温3100~3650℃，湿润系数小于0.13。地带性植被为草原化荒漠，低湿地以盐生植物群落为主；沙地上出现沙拐枣等荒漠成分，而且流动沙丘比例大增。桌子山处于本带范围内，山地发育了山地荒漠草原，以灌丛化的戈壁针茅与短花针茅草原占优势；海拔2100米以上地段生长了以克氏针茅为代表的山地典型草原。

（2）鄂尔多斯高原NDVI指数变化特征。2003~2018年，NDVI指数从2003年的0.2增加到2018年的0.4，研究区NDVI指数有明显的增加趋势（见图1-2）。在空间上，研究区NDVI指数从西到东呈增加的趋势，而地处北部杭锦旗所在的库布齐沙漠地区周围的NDVI指数没有明显的变化，低于地处研究区中南部地区的毛乌素沙地NDVI指数；研究区NDVI指数最高的区域分布在研究区东部和南部地区。2009~2018年，除库布齐沙漠周围以外，其他地区 NDVI 都有相应的变化，其中 2003 ~ 2013 年 NDVI 数据比较明显上升的东胜区在 2018 年又有所下降；而毛乌素沙地周围的乌审旗和鄂克拖旗等地 NDVI 指数从 2003 ~ 2018 年有明显的改善，从 2003 年的 0. 2 增加到了 2018 年的 0. 4。

2003 ~ 2018 年研究区植被覆盖度变化整体上呈上升趋势，但早期植被覆盖度有严重的不对称性，如库布齐沙漠和毛乌素沙地部分地区裸露地区的占比仍然接近 50% ［见图 1 - 2 （a）］，而到 2013 年和 2018 年时得到明显的改善，可能与该地区实施的生态建设工程有关 ［见图 1 - 2 （c）和 （d）］。

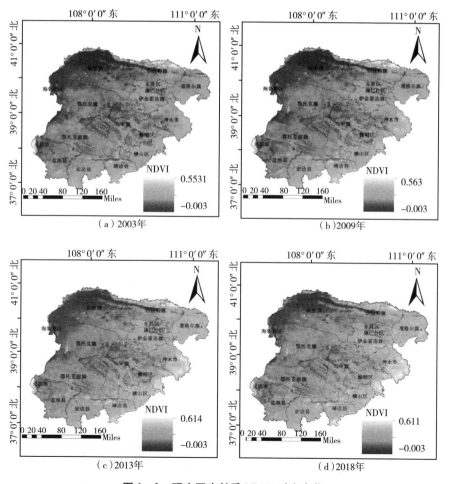

图 1 - 2 研究区生长季 NDVI 时空变化

第 2 章

固沙植被恢复区生物
结皮发育特征

2.1 引　言

　　我国是世界上受荒漠化危害最严重的国家之一，其中尤以沙漠化危害最为严重。随着"三北"防护林等系列国家重点生态环境建设工程的实施，沙区植被盖度显著提高，流沙被固定的同时沙丘表面广泛发育了生物结皮（国家林业局，2011；李新荣，周海燕，王新平等，2016）。了解不同类型人工植被与生物结皮发育特征之间的相互关系对于防沙治沙和受损系统的生态修复具有重要的参考价值。

　　生物结皮作为荒漠生态系统重要的地表景观，其形成以植被定植和地表稳定为前提，其发育过程与维管束植物演替和植物配置方式密切相关（李新荣，张元明，赵允格，2009；Li X. R. et al.，2002；李新荣，2012）。腾格里沙漠沙坡头地区生物结皮发育特征的研究结果显示，在人工植被的演替过程中，生物结皮的发育特征表现出明显的差异，其发育特征存在着清楚的时间序列（Li X. R. et al.，2002；Zhao Y. et al.，2016）。黄土丘陵区植被和生物结皮分布格局的研究结果表明，生物结皮与维管束植物呈镶嵌分布的格局，在250~350毫米降雨量带生物结皮的平均盖度显著高于350~500毫米降雨量带，即生物结皮的盖度与维管束植物盖度之间形成一种竞争关系，其盖度随降雨量和植被盖度的增加呈减少的趋势（李守中，郑怀舟，李守丽等，

2008）。在坡面尺度上生物结皮的分布及其影响因素的研究结果表明，其分布对地形、土壤和植物群落类型具有较强的选择性，与黄土相比，生物结皮则更偏向于生长在较湿润的沙生植被群落当中（王一贺，赵允格，李林等，2016；Zhang J. et al.，2013）。显然，在土壤类型基本一致的前提下植被群落结构的差异对生物结皮的形成和发育产生重要的影响。然而，目前尚不清楚不同的植被类型与生物结皮发育特征之间的相互关系，致使对沙区现有人工植被的恢复效益缺乏全面的了解和准确的评价。为此，本书选择毛乌素沙地南缘沙区不同类型的人工植被，在调查地表植被特征和生物结皮发育特征的基础上探讨不同类型人工植被与生物结皮发育特征之间的关系，旨在为防沙治沙和沙漠化治理等植物防护措施的优化提供相关参考。

2.2　研究区概况

人工植被区位于陕西省榆林市靖边县海则滩乡，是鄂尔多斯高原向陕北黄土高原的过渡地区，地理坐标 $108°50'54'' \sim 108°58'00''E$、$37°38'42'' \sim 37°42'42''N$，海拔 1350 米，属半干旱气候。年平均降水量 394.7 毫米，降水集中在夏、秋两季，降水变率大，最大降水量达 744.6 毫米（1964 年），最小降水量仅 205 毫米（1965 年）；多年平均蒸发量为 2484.5 毫米，为多年平均降水量的 6.32 倍。研究区地貌景观以流动、半固定、固定沙丘与湖盆滩地相间。沙丘沉积物机械组成以细沙为主。研究区属暖温性草原带，主要天然植物有油蒿（Artemisia ordosica）、沙米（Agriophylium squarrosum）、软毛虫实（Corispermum puberulum）、沙竹（Psammochloa villosa）等。随着防沙治沙和生态修复工程的实施，沙丘表面种植了大面积的人工植被，主要有小叶杨（Populus simonii）、沙柳（Salix psammophila）、羊柴（Hedysarum mongdicum）、紫穗槐（Amorpha fruticosa）和沙地柏（Sabina vulgaris）等。

2.3　研究方法

在研究区分别选择羊柴、小叶杨、沙柳＋羊柴（以下简称沙柳）、紫穗槐和沙地柏样地（见表2-1），调查植被和生物结皮发育特征。选择样地时尽量选取地形起伏较小的样地，以减少微地形差异对生物结皮发育的影响。植被调查采用样方调查法，即在每一种植被类型区随机设置12个5米×5米的样方，乔木样地随机设置12个10米×10米的样方，记录植被盖度、种类组成和数量，5种植被类型区共获得60个样方数据。在每个植被样方内随机设置1~2个1米×1米的小样方，分别测定生物结皮厚度、抗剪强度、盖度以及表层土壤（0~5厘米）体积含水量。每种植被类型共获得生物结皮发育特征和表土含水量的数据共20组，5种植被类型共获得数据100组。生物结皮厚度和抗剪强度分别用游标卡尺和袖珍土壤剪力测量仪（荷兰 Eijkelamp 公司）直接测定。生物结皮盖度及分盖度的测定采用点针法。表土含水量的测定采用 ML3 便携式土壤水分速测仪。

表2-1   **不同人工植被区基本特征**

样地	种植年份	植被盖度（%）	行距×株距（米）	植物高度（米）	其他植物	表土含水量（%）
羊柴	2007	42.9±2.1a	2×1	0.6~0.8	紫菀、碱蒿、草木樨状黄芪	1.6±0.1b
小叶杨	1976	28.4±1.6b	10×2	2~7	紫菀、草木樨状黄芪	2.2±0.2a
沙柳	1976	43.0±2.8a	3×2	2~2.5	羊柴、碱蒿、草木樨状黄芪	1.6±0.1b
紫穗槐	1998	26.5±1.5b	4×2	0.8~1.2	紫菀、碱蒿	1.4±0.1b
沙地柏	2008	26.8±1.8b	3×2	0.5~0.8	无	1.7±0.1b

注：沙柳行带间种植了羊柴；表中数字为平均值±标准差（植被盖度 $n=12$，含水量 $n=20$）；同一列不同的小写字母代表不同类型人工植被之间差异显著（$P<0.05$）；紫菀（*Aster tataricus*）、碱蒿（*Artemisia anethifolia*）、草木樨状黄芪（*Astragalus melilotoides*）不同类型人工植被区植被盖度、表土含水量以及生物结皮发育特征之间的差异采用单因素方差分析方法（$\alpha=0.05$）。制图用 Microsoft Excel 2010 完成。

2.4　结果与分析

2.4.1　生物结皮厚度和抗剪强度变化

不同类型人工植被区生物结皮厚度有差异［见图2-1（a）］。小叶杨样

地生物结皮最厚；羊柴样地生物结皮最薄；沙柳、紫穗槐和沙地柏样地生物
结皮厚度介于上述两个样地之间。小叶杨样地生物结皮厚度显著高于其他类
型人工植被区（$P < 0.05$）；沙柳样地生物结皮厚度显著高于羊柴样地
（$P < 0.05$），与紫穗槐和沙地柏样地之间差异不显著（$P > 0.05$）。抗剪强度
是指结皮层抵抗外界破坏的极限能力，其大小能够反映地表的稳定性。不同
类型人工植被区生物结皮的抗剪强度有差异［见图 2 – 1（b）］。小叶杨样地
生物结皮抗剪强度最高，显著高于其他类型人工植被区（$P < 0.05$）。紫穗槐
样地生物结皮抗剪强度显著高于羊柴样地（$P < 0.05$），但与沙柳和沙地柏样
地之间的差异不显著（$P > 0.05$）。

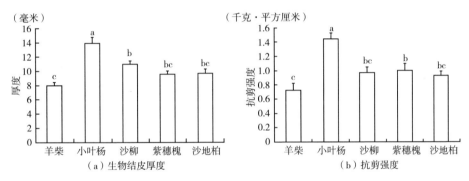

图 2 – 1 生物结皮厚度和抗剪强度变化

2.4.2 生物结皮盖度变化

不同类型人工植被区生物结皮总盖度有差异［见图 2 – 2（a）］。小叶杨
样地生物结皮的总盖度最高；沙柳样地生物结皮的总盖度最低；羊柴、紫穗槐
和沙地柏样地生物结皮总盖度介于上述两个样地之间。小叶杨和紫穗槐样地生
物结皮总盖度显著高于沙柳样地（$P < 0.05$）。根据结皮层优势生物组分，研究
区生物结皮类型大体可分为藻类和藓类结皮，前者以微鞘藻（*Microcoleus vagi-natus*）、颤藻属（*Oscillatoria spp.*）、鞘丝藻属（*Lyngbya spp.*）为优势；后者
以双色真藓（*Bryum dichotomum*）、真藓（*Bryum argenteum*）、土生对齿藓
（*Didymodon vinealis*）为优势。分盖度的调查结果表明，沙地柏和紫穗槐样地
藻类结皮盖度显著高于沙柳样地（$P < 0.05$），小叶杨样地藓类结皮盖度显著

高于其他类型人工植被区（$P < 0.05$）［见图 2 - 2（b）和（c）］；小叶杨样地生物结皮以藓类结皮为主，紫穗槐和沙地柏样地则以藻类结皮为主［见图 2 - 2（d）］。

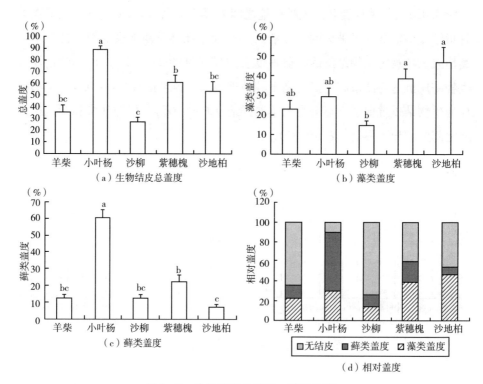

图 2 - 2　生物结皮总盖度、藻类盖度、
藓类盖度和相对盖度

2.4.3　生物结皮盖度与植被盖度和表土含水量之间的关系

生物结皮盖度随植被盖度的增加呈减少的趋势［见图 2 - 3（a）］。当植被盖度在 30% 左右时，生物结皮得到较好发育；而植被盖度超过 40% 时生物结皮发育程度和盖度均不及前者（见表 2 - 1 和图 2 - 1、图 2 - 2）。分盖度与植被盖度之间关系的分析结果表明，藻类、藓类结皮盖度均随着植被盖度的增加呈减少趋势［见图 2 - 3（b）和（c）］。生物结皮盖度与表土（0 ~ 5 厘米）含水量之间的分析结果表明，生物结皮总盖度随表土含水

量的增加而增加，说明表层土壤水分是影响生物结皮发育和分布的重要环境因子〔见图2-3（d）〕。藓类结皮盖度随表层土壤含水量的增加趋势较藻类结皮的增加趋势明显〔见图2-3（e）和（f）〕。

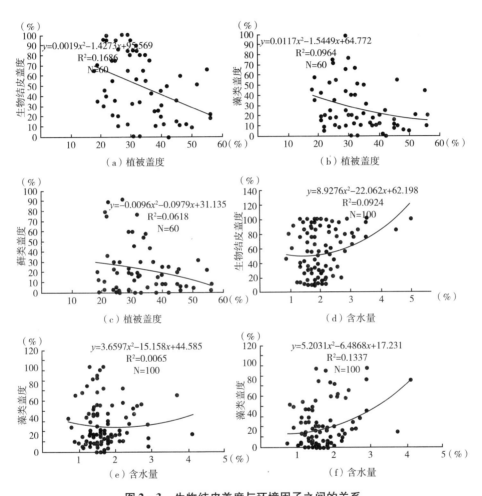

图2-3　生物结皮盖度与环境因子之间的关系

2.5　讨　　论

截至2011年底，我国沙化土地面积为173.11万平方公里。经过几十年的防沙治沙和生态修复，沙化土地发展趋势整体得到遏制，但局部恶化趋势依然很严峻。长期以来，种植人工植被是退化生态系统恢复重建的最主要措施之一。种植人工植被不仅能提高退化土壤的生物活性、增加土壤养分、改善土壤的理化属性和土壤环境，而且植被种植 3~5 年后地表开始出现生物结皮（Li X. R. et al.，2002；王一贺等，2016）。腾格里沙漠沙坡头地区的研究结果显示，人工植被建植 50 年以后，地表藓类结皮盖度普遍能够达到 40%~60%，水热条件相对好的低洼地区藓类结皮盖度能达到 80% 以上，随着固沙植被的演替，生物结皮的发育表现出较明显的演替序列（Li X. R. et al.，2002；Zhao Y. et al.，2016）。我们在毛乌素沙地南缘不同类型人工植被区生物结皮的调查结果表明，人工植被的建植有利于生物结皮的发育，流沙被植物固定后沙丘表面开始扩殖生物结皮，但不同类型人工植被区生物结皮的发育程度有所差异。建植 40 年的小叶杨样地无论在结皮厚度、抗剪强度和生物结皮盖度上均显著高于其他类型人工植被区；建植 40 年的沙柳样地中生物结皮发育程度不及小叶杨样地，生物结皮盖度甚至不及植被恢复年限较晚的紫穗槐和沙地柏样地（见表 2-1 和图 2-2），说明小叶杨的建植有利于生物结皮的发育，而沙柳行带内种植羊柴则不利于生物结皮的扩殖。

影响生物结皮形成和发育的因素包括土壤质地、植物盖度、水分条件等（国家林业局，2011；李新荣等，2016；高国雄，2007）。植物在生物结皮的形成和发育过程中发挥着决定性的作用；细颗粒物含量则是结皮形成和发育的物质基础（Li X. R. et al.，2002）。研究区裸沙机械组成以细沙为主，并含有较丰富的极细沙，为生物结皮的形成和发育提供了物质基础（张朋等，2015）。植被在沙丘表面定植后，一方面改变其周边的气流结构，降低风速，增加地表的稳定性，为生物结皮的形成提供稳定的外界条件（West N. E.，1990；王蕾，王志，刘连友等，2005）；另一方面，灌丛等植物体通过捕尘和滞尘等方式向地面输入和积累细颗粒物，增加地表的细颗粒物含量，为生物结皮的发育提供物质基础和养分条件（杨文斌等，2007）。研究区小叶杨样地虽然植被总盖度较低（见表 2-1），但小叶杨植株体高于其他灌丛植被，行带式布置的小叶杨群落大大增加了地表的稳定性，能够为生物结皮的扩殖提供有利环境（West N. E.，1990；王蕾，王志，刘连友等，2005），促进生物结皮的发育。沙地柏群落虽然植物体较低矮，但其植株体多以匍匐形生长，贴地生长的植物形态特征提供了较稳定的地表环境，有利于生物结皮的扩殖。

尽管生物结皮的扩殖与维管束植物的关系密切，但两者之间的关系不能用简单的线性关系来描述。我们的调查结果发现，羊柴和沙柳样地植被盖度最高［见表 2-1 和图 2-3（a）~（c）］，但该样地生物结皮的发育程度较低或分布较有限，生物结皮发育程度不及植被盖度较低的小叶杨样地，说明植被盖度与生物结皮分布之间可能存在一种竞争关系。本次调查发现，当植被盖度超过 40% 时生物结皮的发育和分布受到维管束植物的竞争而使其扩殖受到限制（见表 2-1），这一值在不同区域表现得有所差异。黄土丘陵区的研究结果表明，当植被盖度低于 60% 时生物结皮盖度基本随植被盖度的增加而增加；而植被盖度超过 60% 时生物结皮盖度呈减少的趋势（赵哈林等，2011），与我们在干旱沙漠地区的研究结果有所不同。生物结皮盖度与植被盖度之间的竞争关系可能是由于植被盖度较低时水热条件较好，有利于生物结皮的发育；而植被盖度较高时由于地表的生物结皮能够受到的光照等资源不及维管束植物而使其分布受到限制，两者之间呈现"此消彼长"的格局（李守中等，2008）。

　　土壤水分是影响生物结皮形成和发育的另一因素。已有研究结果表明，植物通过遮阴等方式改变地表光照时间而造成地表土壤水分分布格局的差异，尤其是植株形态特征较大的灌丛植物或乔木（Lan S. B. et al.，2015）。生物结皮盖度与地表含水量之间的相关分析结果进一步说明了表土含水量对生物结皮分布的影响［见图 2-3（d）~（f）］。小叶杨植物植物体较高，与其他低矮的灌丛植物相比对光照的遮挡时间更长，而且遮挡面积更大，从而减少地表蒸发而有利于地表土壤水分的保持，影响地表土壤水分的空间分布格局。喜欢相对湿润环境的藓类植物在小叶杨样地得到了较好的发育（Zhang J. et al.，2013）。沙柳和羊柴样地植被盖度较高，与小叶杨和沙地柏样地相比，草本植物盖度也比较高，浅根系的草本植物对表层土壤水分含量的影响更明显，造成该样地表层土壤水分含量较低，从而可能影响了生物结皮的分布。

　　综上所述，不同类型人工植被区生物结皮的发育特征存在较大差异，在小叶杨样地生物结皮得到良好发育；羊柴和沙柳样地虽然发育了生物结皮，但发育程度和盖度均较低。需要说明的是，在研究区相邻地区的相关报道中，栽植沙柳后地表普遍发育了良好的生物结皮，与我们本次的调查结果有所不同。可能的原因是：本次调查的沙柳样地的行带内补植了羊柴，混合建植后的高盖度植被可能与生物结皮争夺水热资源，从而抑制了生物结皮在该样地的发育和扩殖。除此之外，尽管我们通过地面调查丰富了对不同类型人工植被与生物结皮发育特征之间相互关系的认识，但植物对生物结皮发育的影响是非常复杂的过程，灌丛植物构型特征差异可能是不同类型植物影响生物结皮发育的重要因素，因此后期开展相关机理性的研究是很有必要的。另外，尽管栽植小叶杨的确有利于生物结皮的扩殖，但在防沙治沙实践中大面积推广小叶杨是否适合还需要基于水量平衡的相关研究，只有小叶杨等植物生长不受水分条件限制才能得出更加科学的相关结论。

2.6　本章小结

防沙治沙和生态修复工程之后，植物定植沙丘表面广泛发育了生物结皮。丰富不同类型人工植被与生物结皮发育特征之间的关系对受损荒漠系统的生态修复具有重要的参考价值。采用野外调查的方法，对毛乌素沙地南缘沙区不同类型人工植被区（羊柴、小叶杨、沙柳＋羊柴、紫穗槐和沙地柏）生物结皮厚度、抗剪强度、总盖度以及分盖度进行了测定。结果表明：不同类型人工植被区生物结皮发育特征表现出较大差异，小叶杨样地生物结皮厚度、抗剪强度和总盖度均显著高于其他类型人工植被区（$P < 0.05$）；羊柴、沙柳＋羊柴样地生物结皮的盖度较低。分盖度的调查结果表明，小叶杨样地生物结皮以藓类结皮为主；其余样地则以藻类结皮为主。生物结皮盖度随植被盖度的增加而减少；随表层（0～5厘米）土壤含水量的增加而增加。以上研究结果表明，小叶杨的建植有利于生物结皮的扩殖；沙柳行带间栽植羊柴则不利于生物结皮的发育。

第3章

固沙植被恢复区土壤理化性质变化

3.1 引 言

我国是世界上受荒漠化危害最严重的国家之一，其中尤以沙漠化危害最为严重（国家林业局，2015）。长期以来，种植人工植被是减轻风沙危害和改善沙区生态环境的最有效途径（李新荣等，2014）。植被建设不仅能够有效遏制沙漠化的扩散，而且还能促进局地生态环境的恢复（李新荣等，2014；Henry N. , 2000）。如何通过人工植被体系的选择和优化，达到改善生态环境的同时促进沙区土壤状况的恢复是受损生态系统恢复和重建的关键（胡宜刚等，2015）。因此，深入了解人工固沙植被恢复对表层沙土机械组成和养分的影响对区域植被生态建设具有重要的意义。

随着我国在干旱荒漠地区以植被建设为主的一系列生态环境建设工程的实施，植被恢复对土壤理化性质的影响引起了诸多学者的关注（Zhao H. L. et al. , 2010，2011；翁伯奇等，2013；李静鹏等，2014；Zhao Y. et al. , 2013）。腾格里沙漠沙坡头地区人工固沙植被恢复对表层（0~5厘米）土壤理化性质影响的研究结果表明，经过50余年的植被恢复，土壤有机碳、氮、磷和钾含量均有不同程度的提高，与对照样地相比，表层土壤大部分理化性质的恢复率接近60%，而部分理化性质的恢复程度仍然较低，土壤理化性质的完全恢复需上百年甚至更长时间（Li X. R. et al. , 2017）。赵等（Zhao H. L. et al. , 2011）对科尔沁沙地0、3龄、8龄和15龄小叶杨（*Populus simonii*）林地表层土壤（0～5 厘米）理化性质的分析结果表明，人工林的建设有助于改善表层土壤理化性质，随着人工林栽植年限的增加，植被恢复区表层土壤中的细颗粒物、有机质和养分含量大幅度提升。

除植被恢复年限外，植被类型对表层土壤理化性质的影响不尽相同（Zhao H. L. et al.，2011；胡婵娟等，2012；李少华等，2016；Mishera A. et al.，2016）。科尔沁沙地不同类型植被冷蒿（*Artemisia frigida*）、黄柳（*Salix gordejevii*）和小叶杨（*Populus simonii*）恢复对表层（0～5 厘米）土壤理化性质影响的研究结果表明，黄柳样地表层土壤养分含量显著高于冷蒿和小叶杨恢复区，并指出固沙灌木黄柳的恢复对该地区土壤环境的改良效果最佳（Zhao H. L. et al.，2010）。高寒沙区不同类型植被青杨（*Populus cathayana*）、柠条（*Caragana Korshinskii*）、乌柳（*Salix cheilophila*）、沙棘（*Hippophae rhamnoides*）、柽柳（*Tamarix chinensis*）和赖草（*Leymus secalinus*）恢复对表层土壤理化性质影响的研究结果表明，植被恢复 30 年后，表层土壤中的细颗粒物和养分含量显著提高，柠条和沙棘林对高寒沙区土壤养分的改良效果最好（李少华等，2016）。综上，有关植被恢复时间和植被类型对荒漠地区土壤理化性质影响的研究已取得了很多重要的成果，但由于区域自然环境条件、固沙植被类型的不同（Misher A. et al.，2010），所以围绕特定的自然环境条件和固沙植被类型开展植被恢复对表层土壤机械组成和养分含量影响的研究是十分有必要的。而且，研究方法上尚需加强土壤理化性质的灰色关联分析，以更好地量化植被恢复对土壤环境的改良效果。

毛乌素沙地位于陕西省榆林市长城一线以北，面积约 4.22 万平方公里，是一个多层次生态过渡带，也是我国乃至世界沙化土地治理成果的代表性区域（牛兰兰等，2006；张新时等，2008；王仁德等，2009）。经过几十年的植被生态修复，沙化土地治理工作取得了显著成效，但区域防沙治沙成效的不对称性仍然是该地区突出的环境问题。为此，本书选择毛乌素沙地南缘沙区种植年限相同、类型不同的人工固沙植被，以裸沙作为对照，测定固沙植被恢复区表层 0～2 厘米和 2～5 厘米层沙土机械组成和养分含量变化，运用灰色关联法量化不同类型固沙植被恢复对表层土壤机械组成和养分含量的影响，评价不同类型固沙植被恢复对沙区表层土壤的改良效果，旨在为区域进一步防沙治沙和植被生态修复提供科学依据。

3.2 研究区概况

研究区概况见2.2节内容。

3.3 研究方法

3.3.1 试验设计与样品采集

2016年夏季，在研究区选择不同类型典型人工固沙植被区（见表3-1），随机设置12个5米×5米的样方，记录植物配置方式、植被盖度、植物高度和群落组成。裸沙因植被盖度极低（<1%）而未进行样方调查。3种固沙植被类型区（羊柴、紫穗槐和沙地柏）共获得36个样方调查数据。固沙灌木羊柴和紫穗槐均为落叶灌木，前者根蘖串根性强，常"一株成林"，后者多以丛生，形态特征多呈倒三角状；固沙灌木沙地柏为常绿灌木，多以匍匐状生长，3种类型固沙灌木种植初期的株行距如表3-1所示。受条件限制，固沙植被种植初期无灌溉和施肥措施。植被调查时，在每一种固沙植被区随机设置地势较平缓的3个采样区作为重复，每两个采样区之间的水平距离至少100米。对于质地松软的沙土来说，通过人工固沙植被的恢复实现其物理性状的完全恢复需要上百年甚至更长时间（Li X. R. et al.，2007），因此本书所涉及的土壤物理性状的研究内容仅局限于沙土机械组成的分析，采样方法也偏向于土壤化学性质的研究，即每个采样区按多点采样法随机采集0~2厘米和2~5厘米层样品。考虑固沙植被恢复区土层较薄，采样层也集中在表层0~5厘米的范围内。采样时，每两个采样点之间的水平距离至少20米。采自同一采样区不同采样点相同土层的样品均匀混合后放入聚乙烯样品袋，带回实验室去除植物根系等杂质，自然风干后用于土壤机械组成和养分含量的分析。考虑植被恢复前该地区均为流动裸沙，植被盖度很低，因此本书忽略了植被恢复前原有植被对土壤环境的影响。用相同的方法采集裸沙作为对照。

表 3 - 1   不同类型人工固沙植被区基本特征

植被类型	种植年份	植被盖度（%）	行距×株距（米）	植物高度（米）	其他植物
羊柴	2007	42.9 ± 2.1a	2 × 1	0.6 ~ 0.8	紫菀、碱蒿、草木樨状黄芪
紫穗槐	2007	26.5 ± 1.5c	4 × 2	0.8 ~ 1.2	紫菀、碱蒿
沙地柏	2007	36.8 ± 1.8b	3 × 2	0.5 ~ 0.8	无

注：表中植被盖度数字为平均值 ± 标准差（$n=12$），同列不同小写字母代表植被盖度在 0.05 水平上的显著性差异。

3.3.2　测定方法

土壤有机碳采用重铬酸钾法—外加热法测定；全氮采用半微量凯氏定氮法测定；全磷含量采用酸溶—钼锑抗比色法测定；碱解氮采用碱解扩散法测定；速效磷含量采用 0.5mol L^{-1} 碳酸氢钠浸提—钼锑抗比色法测定；速效钾含量采用 NH$_4$OAc 浸提火焰光度法测定；机械组成的测定采用马尔文激光粒度仪（Mastersizer，2000，Malvern Instruments Ltd.，张甘霖等，2012），机械组成的分级标准参考吴正等（2010）文献。

3.3.3　分析方法

采用单因素方差分析法对不同类型固沙植被区植被盖度、土壤有机碳和养分含量进行 0.05 水平上的显著性分析；运用灰色关联分析法对不同类型固沙植被区表层土壤养分含量进行灰色关联分析（刘思峰，2010）。

3.4　结果与分析

3.4.1　固沙植被恢复区表层土壤机械组成的变化

研究区裸沙机械组成以细沙（125 ~ 250 微米）为主；中沙（250 ~ 500 微米）次之；极细沙含量最少，不含粉粒和黏粒等细颗粒物（见表 3 - 2）。

固沙植被恢复区表层土壤中极细沙、粉粒等细颗粒物含量高于裸沙；羊柴、紫穗槐样地 0~2 厘米层和紫穗槐样地 2~5 厘米层土壤中中沙含量显著低于同层裸沙（$P < 0.05$），不同类型固沙植被恢复区 0~2 厘米、2~5 厘米层土壤中细沙、极细沙、粉粒和黏粒含量之间的差异并不显著（见表 3-2）。

表 3-2　不同类型固沙植被恢复区表层（0~5cm）土壤机械组成的变化

土层（cm）	植被类型	机械组成（%）							
		中沙（250~500μm）	细沙（125~250μm）	极细沙（62.5~125μm）	粗粉沙（31~62.5μm）	中粉沙（15.6~31μm）	细粉沙（7.8~15.6μm）	极细粉沙（3.9~7.8μm）	黏粒（<3.9μm）
0~2	裸沙	17.16±0.39a	67.89±0.79a	14.95±0.40a	0a	0a	0a	0a	0a
	羊柴	15.00±0.30b	65.18±1.47a	18.79±1.49a	0.19±0.18a	0.76±0.76a	0.08±0.08a	0a	0a
	紫穗槐	11.31±0.52c	60.72±3.11a	25.68±2.49a	0.58±0.30a	1.42±0.71a	0.28±0.14a	0a	0a
	沙地柏	16.01±0.51ab	56.92±4.25a	19.43±0.62a	2.77±1.77a	3.36±0.70a	0.64±0.36a	0.37±0.37a	0.49±0.49a
2~5	裸沙	25.81±0.52a	61.13±0.87a	13.05±1.11a	0a	0a	0a	0a	0a
	羊柴	20.27±0.99ab	62.81±1.41a	16.91±0.60a	0a	0a	0a	0a	0a
	紫穗槐	14.47±0.16b	62.01±4.72a	23.07±4.33a	0.45±0.37a	0a	0a	0a	0a
	沙地柏	21.88±2.33ab	62.36±2.67a	14.15±2.65a	0.37±0.36a	0.75±0.75a	0.16±0.16a	0.21±0.21a	0.12±0.12a

注：表中数字为平均值±标准差（$n=3$）；同一列相同土层之间的不同小写字母代表 0.05 水平上的显著性差异。

3.4.2　固沙植被恢复区表层土壤养分含量变化

固沙植被恢复区表层土壤养分含量较裸沙相比有所提高（见表 3-3）。羊柴、沙地柏样地 0~2 厘米层和杨柴样地 2~5 厘米层土壤有机碳含量显著高于裸沙（$P<0.05$）；除羊柴样地 2～5 厘米层土壤全氮含量与裸沙无显著差异外，固沙植被恢复区表层土壤全氮含量均显著高于同层裸沙（$P<0.05$）；固沙植被恢复区 0～2 厘米和 2～5 厘米层土壤全磷含量均与裸沙无显著差异（$P>0.05$），但土壤速效磷含量显著高于同层裸沙（$P<0.05$）；羊柴、沙地柏样地 0～2 厘米层土壤碱解氮含量显著高于裸沙（$P<0.05$），但 2～5 厘米层土壤碱解氮含量与裸沙差异不显著（$P>0.05$）；除沙地柏样地 0～2 厘米层土壤速效钾含量与裸沙无显著差异外，固沙植被恢复区表层土壤速效钾含量显著高于裸沙（见表 3-3）。总体来说，固沙植被的恢复对表层土壤有机碳、全氮以及速效养分含量的提高产生了积极的影响，但对表层土壤全磷含量的改善作用有限。

表 3-3　　　不同类型固沙植被恢复区表层（0～5cm）土壤养分变化

土层（厘米）	植被类型	有机碳（%）	全氮（%）	全磷（%）	碱解氮（mg·kg⁻¹）	速效磷（mg·kg⁻¹）	速效钾（mg·kg⁻¹）
0～2	裸沙	0.11 ± 0.01b	0.007 ± 0.000b	0.020 ± 0.000a	11.84 ± 1.55c	4.08 ± 0.34b	48.90 ± 1.13b
	羊柴	0.28 ± 0.08a	0.022 ± 0.004a	0.018 ± 0.003a	23.90 ± 4.09a	6.85 ± 1.05a	83.38 ± 5.53a
	紫穗槐	0.23 ± 0.06ab	0.015 ± 0.001a	0.021 ± 0.001a	14.18 ± 0.81bc	6.57 ± 0.25a	72.95 ± 3.57a
	沙地柏	0.31 ± 0.04a	0.019 ± 0.003a	0.024 ± 0.002a	18.37 ± 1.28ab	6.85 ± 1.43a	57.26 ± 2.39b
2～5	裸沙	0.10 ± 0.01b	0.008 ± 0.000b	0.022 ± 0.001a	9.05 ± 0.66a	3.58 ± 0.26b	48.00 ± 0.52d
	羊柴	0.21 ± 0.01a	0.008 ± 0.001b	0.020 ± 0.001a	9.41 ± 0.87a	5.59 ± 0.31a	73.90 ± 1.73a
	紫穗槐	0.11 ± 0.01b	0.010 ± 0.001a	0.022 ± 0.001a	11.35 ± 1.52a	6.35 ± 0.19a	68.91 ± 0.58b
	沙地柏	0.14 ± 0.03b	0.010 ± 0.001a	0.021 ± 0.000a	10.25 ± 0.63a	6.12 ± 0.78a	58.55 ± 2.02c

注：表中数字为平均值±标准差（$n=3$）；同一列相同土层之间的不同小写字母代表 0.05 水平上的显著性差异。

3.4.3　固沙植被恢复区表层土壤养分含量的灰色关联分析

固沙植被恢复区和裸沙表层土壤养分含量的无量纲化处理结果和灰色关联分析结果如表 3 - 4 和表 3 - 5 所示。固沙植被恢复区 0～2 厘米层土壤养分含量的关联度由大到小依次为沙地柏（0.8119）、羊柴（0.8110）、紫穗槐（0.8086）和裸沙（0.8031）；2～5 厘米层土壤养分含量的关联度为羊柴（0.8347）、沙地柏（0.8301）、紫穗槐（0.8276）、裸沙（0.8258），表明沙地柏对该地区 0～2 厘米层土壤环境的改良效果最佳，沙地柏和羊柴对 2～5 厘米层土壤环境的改良效果最佳，紫穗槐对 0～2 厘米和 2～5 厘米层土壤环境的改良效果最差。

表 3 - 4　不同类型固沙植被恢复区表层土壤养分含量的无量纲化结果

土深(厘米)	植被类型	有机碳	全氮	全磷	碱解氮	速效磷	速效钾
0～2	裸沙	0.3548	0.3182	0.8333	0.4954	0.5956	0.5865
	羊柴	0.9032	1.0000	0.7500	1.0000	1.0000	1.0000
	紫穗槐	0.7419	0.6818	0.8750	0.5933	0.9591	0.8749
	沙地柏	1.0000	0.8636	1.0000	0.7686	1.0000	0.6867
2～5	裸沙	0.4762	0.8000	1.0000	0.7974	0.5638	0.6495
	羊柴	1.0000	0.7000	0.9091	0.8291	0.8803	1.0000
	紫穗槐	0.5238	1.0000	1.0000	1.0000	1.0000	0.9325
	沙地柏	0.6667	1.0000	0.9545	0.9031	0.9638	0.7923

表 3 - 5　不同类型固沙植被恢复区表层土壤养分含量的关联系数及关联度

土深(厘米)	植被类型	有机碳	全氮	全磷	碱解氮	速效磷	速效钾	关联度
0～2	裸沙	1.0000	0.9940	0.9819	0.6395	0.8697	0.3337	0.8031
	羊柴	1.0000	0.9909	0.9968	0.6519	0.8882	0.3381	0.8110
	紫穗槐	1.0000	0.9946	0.9900	0.6457	0.8842	0.3368	0.8086
	沙地柏	1.0000	0.9964	0.9932	0.6520	0.8907	0.3389	0.8119
2～5	裸沙	1.0000	0.9860	0.9811	0.7820	0.8698	0.3358	0.8258
	羊柴	0.9973	1.0000	0.9947	0.7907	0.8860	0.3396	0.8347
	紫穗槐	1.0000	0.9820	0.9823	0.7857	0.8796	0.3362	0.8276
	沙地柏	1.0000	0.9858	0.9873	0.7874	0.8825	0.3375	0.8301

3.5 讨 论

3.5.1 固沙植被恢复对表层土壤机械组成的影响

土壤机械组成受控于母质类型及其风化程度。研究区裸沙机械组成较粗，不含粉粒、黏粒等细颗粒物。与裸露沙丘相比，固沙植被恢复区表层土壤中的中沙含量趋于减少，取而代之的是极细沙、粉粒和黏粒等细颗粒物（见表3-2）。成土过程是非常缓慢的过程，植被改良措施很难在短期内显著影响沙区成土母质的变化，而固沙植被恢复区表层土壤机械组成的细化与固沙植物的捕尘滞尘作用密切相关（Zhao H. L. et al.，2010）。腾格里沙漠沙坡头地区的观测结果显示，人工固沙植被系统年滞尘量为0.3～0.4毫米（消洪浪等，1997），即固沙植物通过枝叶捕获大气环境中的降尘、粉粒等细颗粒物，并不断向地表输入，增加了地表的细颗粒物含量（Zhao H. L. et al.，2016；段争虎等，1996）。由于不同类型固沙植物形态特征存在明显的差异，所以不同类型固沙植物的捕尘滞尘能力表现出较大差异（王蕾等，2005；Zhao H. L. et al.，2010；董治宝等，1996）。如固沙灌木沙地柏多以匍匐状生长，且属于常绿灌木，在风沙活动最为活跃的冬季和春季也能保持密集的枝叶，其特殊的形态和生长特性有利于大气降尘的捕获，可能是沙地柏样地表层沉积物中的粉粒和黏粒等细颗粒物含量高于其他样地的主要原因；除形态特征外，固沙植物的配置方式决定了其防风固沙能力（姜丽娜等，2013），进而影响粉粒等细颗粒物在固沙植被区的分布和聚集。紫穗槐样地植被盖度虽然不及羊柴和沙地柏样地（见表3-1），但垂直于主风向的行带式配置方式能够最大限度地降低近地表气流结构，增加地表的稳定性，有利于细颗粒物在地表的聚集和分选，优化后的配置方式可能是导致低覆盖度紫穗槐样地表层土壤中的细颗粒物含量仍然较高的重要原因之一（董治宝等，1996；姜丽娜等，2013）。需要说明的是，固沙植被恢复区表层土壤中的粉粒和黏粒等细颗粒物含量虽然较裸沙有所提高，但与其他地区的相关研究结果相比仍处于较低水平。科尔沁沙地植被恢复对表层土壤理化性质影响的研究结果表明，植被恢复区表层土壤中直径小于 50 微米的细颗粒物含量显著高于裸沙，且细颗粒物在沙土机械组成中所占的比例远高于本书研究。植被恢复近十年后，植被恢复区表层土壤机械组成仍然较粗，可能与该地区沙土质地结构本身比较粗糙有关。

3.5.2 固沙植被恢复对表层土壤养分含量的影响

诸多研究结果证实，植被恢复对有机碳和养分含量具有积极的作用（Li X. R. et al.，2007；胡婵娟等，2012；Zou X. A. et al.，2010；贾晓红等，2007）。本书结果发现，固沙植被的恢复改善了表层土壤有机碳、全氮、碱解氮、速效磷和有效钾含量，特别是对 0～2 厘米层土壤有机碳、全氮和速效养分含量的改善作用显著，研究结果与青海沙珠玉高寒沙区、科尔沁沙地、腾格里沙漠等地区的报道结果基本一致（Zhao H. L. et al.，2010；Li X. R. et al.，2007；李少华等，2016）。与上述研究结果有所不同的是，固沙植被恢复对该地区表层土壤全磷含量的改善作用有限；而对土壤有效磷含量的改善作用显著（见表 3-3）。固沙植被恢复近十年后表层土壤全磷含量没能得到显著改善，可能是由于本书所选的人工固沙植物本身不利于土壤磷元素的富集，或上述固沙植物枯枝落叶的降解过程促进了表层土壤中磷元素的转化过程，使得固沙植被恢复区表层土壤中磷元素多以有效磷的形态存在（李茜等，2012）。有关不同类型的固沙植物影响沙土养分含量的机制研究应考虑不同类型固沙植物枯落物、土壤微生物和酶活性等生物学特征，从而更加全面地揭示固沙植物对表层沙土养分含量的影响机制。不同类型固沙植被恢复区土壤养分含量的差异也充分体现了围绕区域自然环境特点和固沙植被类型展开相关研究的必要性。除通过枯枝落叶、根系的降解和周转影响土壤养分外，不同类型固沙植物所捕获的降尘差异可能是导致植被恢复区表层土壤养分含量较大差异的另外途径。

3.5.3 对荒漠生态系统建设和管理的指导意义探讨

基于灰色关联分析的不同类型固沙植物对表层沙土机械组成和养分含量

的改善效果虽然有一定差异，但差异较小，固沙植被恢复区表层土壤养分含量的关联度与对照相比最大相差也分别仅为 0.0088（0～2 厘米层）和 0.0089（2～5 厘米层）。南方红壤地区果树、灌木和草本植被恢复土壤理化性质影响的研究结果表明，草本植物恢复仅 6 年后，表层（0～10 厘米）土壤理化性质就会得到明显改善，草本植被恢复区土壤理化性质的关联度较对照组提高了 0.101（苏永中等，2002），土壤环境的改良效果远高于半干旱沙区固沙灌木恢复近十年的改良效果，相比之下说明通过人工固沙植被的恢复改善沙区土壤环境状况是比较缓慢的过程。因此，应加强对脆弱生态系统的保护和管理，尽量避免因土地沙漠化而造成土壤环境的难以恢复。

3.6　本章小结

（1）人工固沙植被的恢复增加了表层沙土中极细沙、粉粒和黏粒等细颗粒物含量，改善了表层沙土有机碳、全氮、碱解氮、速效磷和速效钾等养分条件，但对表层沙土全磷含量的改良效果有限。

（2）不同类型人工固沙植被的恢复对表层沙土机械组成和养分含量的影响有差异。沙地柏的种植对该地区 0～2 厘米层土壤的改良效果最佳；沙地柏和羊柴的种植对 2～5 厘米层土壤的改良效果最佳；而紫穗槐的种植对该地区 0～2 厘米和 2～5 厘米层土壤的改良效果最差。

第4章

固沙植被恢复区土壤水量平衡特征

4.1 引　言

　　水是干旱、半干旱地区植被恢复最重要的生态制约因子（Zhao W. Z. et al.，2001），是影响植物生存、生长发育的关键因素，对植被恢复和长期稳定发展有着重要的影响（Wang X. P. et al.，2004；Wang Z. et al.，2006；Fu H. et al.，2001），正确处理水资源和植被建设的关系对于充分发挥植被生态功能具有重要意义。基于干旱、半干旱地区水资源对植被建设的限制性影响，以及近年来我国北方少数地区的多年人工林、草地出现以土壤旱化为主要特征的大面积退化，土壤水分的植被承载力研究受到学者们的广泛关注（Guo Z. S. et al.，2004；Wang Y. H. et al.，2008；Xia Y. Q. et al.，2008）。土壤水分的植被承载力核心问题是确保土壤水分不亏缺的条件下所能支撑植被量的多少（Price D.，1999；Wang J. et al.，2005；Radersma S. et al.，2016），以避免违背土壤水分和植物生态需水分异规律而造成植被重建失败。

　　确定土壤水分的植被承载力是我国北方干旱、半干旱地区合理调控土壤水分和植被生长关系、科学恢复林草植被的核心问题。有关学者对我国干旱、半干旱地区人工植被区土壤水分平衡和动态变化特征进行了研究。李新荣等（2001）研究了沙坡头地区流动风沙土、天然植被下固定风沙土和不同年代人工植被下固定风沙土的水分季节变化，指出沙地水分变化与植被种类、密度及植物根系分布深度密切相关；王鸣远等（2002）认为，从流动沙丘变为固定沙丘的过程中，固沙植被形成后的土壤水分动态和灌木林群落实际蒸腾蒸发量的关系反映了不同植被覆盖、不同密度、不同年份和不同季节水分平衡的状况。由于植物生长过程中耗水量和栽植密度的不同，固沙植物区土壤水分变化的差异明显。耗水量大、栽植密度高的植被区土壤水分严重亏缺，随着植物的生长发育，土壤含水量不断下降，引起植物生长逐渐衰退、死亡，导致现存植被可能向荒漠化发展（Gao Q. et al.，1996；Li X. R. et al.，2017）。因此，根据固沙林的防护效能和土壤水分平衡确定"生态密度"，对于干旱、半干旱地区植被生态建设具有十分重要的现实意义。

毛乌素沙地是我国人工植被固沙的典型区域（张新时，1994）。随着近几十年的植被生态修复，该地区生态环境得到显著改善，局部地区甚至通过防风固沙人工植被的建设实现了沙漠化的逆转（牛兰兰等，2006）。然而，沙区有限的水分条件能否持久支撑现有的防风固沙植被体系仍然是大家普遍关心的核心环境问题。虽然个别的研究基于区域水分条件探讨了适宜种植的沙柳密度，但不同类型防风固沙植被体系与局地水分条件的适宜性评价仍无明确的回答。此外，毛乌素沙地域防沙治沙成效的不对称性仍然是限制区域经济社会高质量发展的重要原因。因此，围绕区域水分条件，通过固沙植被体系土壤水分动态的监测水量平衡的计算，摸清防风固沙植被体系水分匮缺现状，评价防风固沙植被体系与局地水分条件的适宜性，从而提升人工植被体系的稳定性是十分有必要的。本书选择毛乌素沙地南缘不同类型的防风固沙植被群落［沙地柏（*Sabina vulgaris*）、羊柴（*Hedysarum mongdicum*）、油蒿（*Artemisia ordosica*）和紫穗槐（*Amorpha fruticosa*）］，同步监测固沙植被恢复区生长季土壤水分动态和降水变化，计算不同类型防风固沙人工植被体系土壤水分收支水分平衡特征，评价防风固沙植被体系与局地水分条件的适宜性，为建设持续稳定的防风固沙植被体系提供科学依据和实践指导。

4.2　研究区概况

研究区概况见 2.2 节内容。

4.3 研究方法

4.3.1 试验设计

2019年夏季，在研究区选择不同类型典型人工固沙植被区（见图4-1），随机设置12个5米×5米的样方，记录植物配置方式、植被盖度、植物高度和群落组成，不同类型固沙植被恢复区植物群落基本情况如表4-1所示。

油蒿（*Artemisia ordosica*）　　　紫穗槐（*Amorpha fruticosa*）

羊柴（*Hedysarum mongdicum*）　　　沙地柏（*Sabina vulgaris*）

图4-1　研究区不同类型的固沙植被

表4-1　　　　　　　研究区不同类型固沙植被恢复区基本情况

植被类型	植被盖度（%）	行距×株距（米）	植物高度（米）	其他植物
羊柴	42.9±2.1	2×1	0.6~0.8	紫菀、碱蒿、草木樨状黄芪
紫穗槐	26.5±1.5	4×2	0.8~1.2	紫菀、碱蒿
沙地柏	36.8±1.8	3×2	0.5~0.8	无
油蒿	30.5±2.2	点状	0.5~0.7	紫菀等

4.3.2　样品采集及分析

在不同类型固沙植被恢复区，随机设置 3 个采样点，用土钻以 10 厘米为一个土层，每月一次采集不同类型固沙植被恢复区生长季（6~9 月）0~200厘米层土壤样品，用烘干法测定土壤含水量。其间，用环刀法测定土壤容重，用于后期土壤贮水量的计算。生长季降水变化采用自记雨量计进行监测。

毛乌素沙地南缘固沙植被恢复区土壤水分主要受降雨的补给，且无地表径流产生，固沙植被恢复区土壤水分不受地下水的影响（固沙植被恢复区地下水位埋深 >8 米），故水量平衡公式可简化为：

$$G = P - \Delta W + \Delta Q \qquad (4-1)$$

式（4-1）中，P 为测定期间降雨量（毫米）；G 为蒸散量（毫米）；ΔQ 为地表下 200 厘米处水分渗漏或补充量（毫米），因沙丘植被地下水位低，土壤无渗漏和补充，故此处 $\Delta Q = 0$；ΔW 为某一时段土壤贮水量变化（毫米）。

$$\Delta W = Et_1 - Et_2 \qquad (4-2)$$
$$E = 0.1 \times M \times R \times H \qquad (4-3)$$

式（4-3）中，E 为贮水量（毫米）；M 为土壤含水量（%）；R 为土壤容重（克/立方厘米）；H 为土层深度（厘米）。

4.3.3　数据处理

用 Excel 软件对原始数据进行整理；用 SPSS 软件分析数据；制图用Origin 2019 版软件。

4.4　结果与分析

4.4.1　不同类型固沙植被恢复区土壤水分动态

（1）土壤含水量水平变化。不同类型固沙植被恢复区土壤水分含量

存在差异（见图4－2）。在生长季中，油蒿恢复区土壤平均含水量为
3.01%；紫穗槐为3.62%；羊柴为1.78%；沙地柏为2.22%。水分条
件最好的紫穗槐灌木丛土壤平均含水量，是水分条件最差的羊柴灌木丛
的两倍还多。

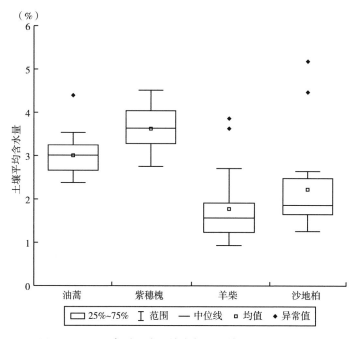

图4－2 不同类型固沙植被恢复区土壤平均含水量变化

统计分析结果表明，除羊柴和沙地柏灌木丛土壤平均含水量差异不显
著外，各灌木丛土壤平均含水量之间差异均显著（见表4－2）。为了探究
不同类型固沙植被恢复区土壤水分含量在水平方向上差异的显著性，设平
均值差值的显著性水平为 $P = 0.05$。经计算分析可以得出，油蒿、紫穗槐
灌木丛土壤平均含水量与其他三种灌木丛土壤含水量的显著性水平均小于
0.05，所以它们的土壤含水量在水平方向上差异性是非常显著的；唯有羊
柴灌木丛土壤平均含水量与沙地柏灌木丛土壤含水量的显著性水平为
0.056是大于0.050的，也就是说只有羊柴与沙地柏的土壤平均含水量差
异不是很明显而已。

表4-2   土壤含水量水平差异显著性分析（LSD 多重比较分析）

（I）植被类型	（J）植被类型	平均值差值（I-J）	标准差	显著性
油蒿	紫穗槐	-0.61933 *	0.23061	0.009
	羊柴	1.22968 *	0.23061	0.000
	沙地柏	0.78211 *	0.23061	0.001
紫穗槐	油蒿	0.61933 *	0.23061	0.009
	羊柴	1.84900 *	0.23061	0.000
	沙地柏	1.40144 *	0.23061	0.000
羊柴	油蒿	-1.22968 *	0.23061	0.000
	紫穗槐	-1.84900 *	0.23061	0.000
	沙地柏	-0.44757	0.23061	0.056
沙地柏	油蒿	-0.78211 *	0.23061	0.001
	紫穗槐	-1.40144 *	0.23061	0.000
	羊柴	0.44757	0.23061	0.056

注：* 表示差异显著。

从时间尺度上分析不同类型固沙植被恢复区土壤水分含量存在差异，除羊柴灌木丛土壤含水量在8月出现小幅度降低之外，不同类型固沙植被恢复区土壤含水量6~9月基本呈增加的趋势。土壤水分含量与降水量之间的分析结果表明，不同类型固沙植被恢复区土壤含水量基本随着生长季降水量的增加而呈增加的趋势（见图4-3）。

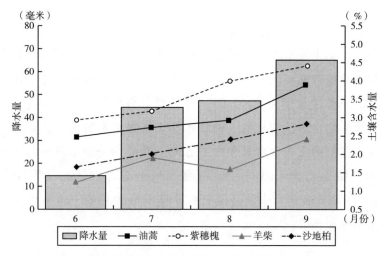

图4-3 不同类型固沙植被恢复区土壤含水量与降水之间的关系

（2）土壤含水量垂直变化。在生长季中，不同类型固沙植被恢复区土壤平均含水量在垂直方向上存在明显差异（见图4-4）。不同类型固沙植被恢复区0~40厘米层土壤含水量变化最大；40~200厘米层含水量变化相对较小。油蒿和紫穗槐灌木丛0~200厘米层土壤平均含水量呈"S"型变化趋势；而沙地柏和羊柴灌木丛0~200厘米层土壤含水量在表层0~40厘米之内呈明显减少，而后趋于稳定的趋势。从总体上看，油蒿、紫穗槐恢复区土壤平均含水量相对丰富，均在3%以上；羊柴、沙地柏灌木丛恢复区土壤含水量仅在2%左右，羊柴灌木丛150~200厘米层土壤平均含水量甚至接近1%。

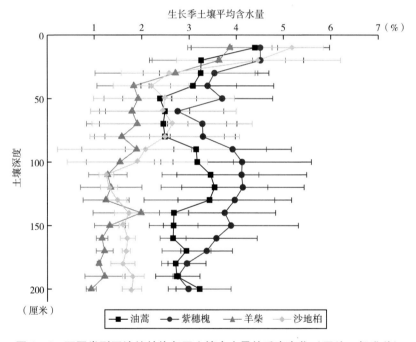

图4-4 不同类型固沙植被恢复区土壤含水量的垂直变化（平均±标准差）

生长季不同的月份，不同类型固沙植被恢复区土壤含水量在垂直方向上存在一定差异（见图4-5）。油蒿、紫穗槐、羊柴、沙地柏四种固沙植被恢复区0~50厘米层土壤含水量变化较大；除9月外，各灌木丛50~200厘米层土壤含水量差异不大。油蒿、紫穗槐恢复区土壤含水量在垂直方向上的变化相对平稳，变化较小；而羊柴、沙地柏恢复区土壤含水量先是急剧下降，之后变得较为平稳。从总体上看，油蒿、紫穗槐灌木丛恢复区土壤含水量相对丰富，均在3%以上；羊柴、沙地柏灌木丛恢复区土壤含水量较少，仅在2%上下浮动，深层土壤含水量甚至仅接近1%。

其中，6月和7月，不同类型固沙植被恢复区土壤含水量垂直变化趋势大致相似，均呈先减少后变得相对平稳的"L"形变化［见图4-5（a）和（b）］；8月四种类型固沙植被恢复区土壤含水量变化趋势基本接近，总体上呈先减少后增加再减少的"S"线变化［见图4-5（c）］；9月，油蒿、紫穗

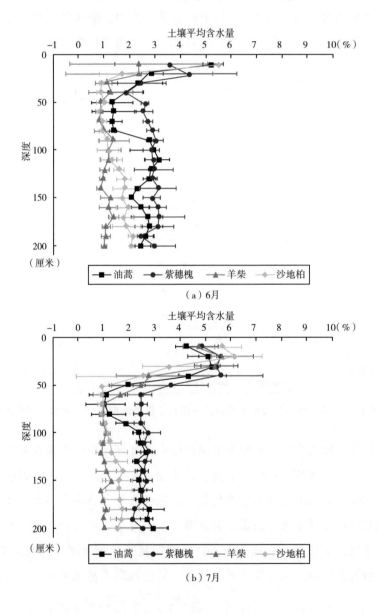

（a）6月

（b）7月

槐、沙地柏固沙植被恢复区土壤含水量变化趋势相差不大，都呈先增加后减少的"几"字形变化，唯有羊柴固沙植被恢复区土壤含水量呈波动式递减趋势［见图4-5（d）］。

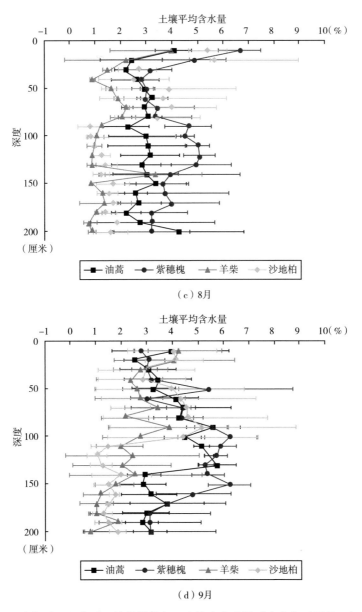

（c）8月

（d）9月

图 4-5　生长季不同类型固沙植被恢复区土壤水分含量垂直变化（平均±标准差）

4.4.2 不同类型固沙植被恢复区土壤贮水量变化

在生长季中，不同类型固沙植被恢复区土壤贮水量存在明显差异（见图 4－6）。6～9 月四种类型固沙植被恢复区土壤贮水量大小排序都是一样的。其中，紫穗槐灌木丛土壤贮水量最大，平均贮水量将近 120 毫米；油蒿灌木丛土壤贮水量次之，平均贮水量也快达到 100 毫米；羊柴、沙地柏灌木丛土壤贮水量差别不大，羊柴灌木丛土壤贮水量最少，平均仅有 61 毫米。从整个时间尺度上观察，四种类型固沙植被恢复区土壤贮水量变化有一个规律，油蒿、紫穗槐、沙地柏这三种灌木丛土壤贮水量是随着月份更替而逐渐递增的，实际上是随着降水量的增加而增加；唯有羊柴灌木丛土壤贮水量在 8 月是减少的，其他月份贮水量同样是增加的。

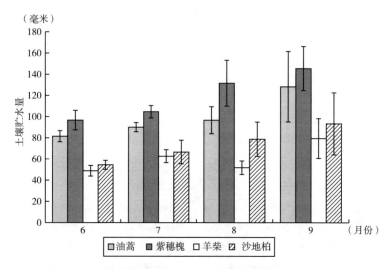

图 4－6　生长季不同类型固沙植被恢复区土壤贮水量变化（平均值±标准差）

4.4.3　不同类型固沙植被恢复区土壤水分平衡特征

（1）固沙植被恢复区土壤水分蒸散量变化。6～9 月，不同类型固沙植被恢复区土壤水分蒸散量都存在差异（见图 4－7）。其中，6 月由于该地区固沙植被逐渐恢复生长发育，开枝散叶所需土壤水分大量增加，而其土壤又开始回暖，水分活跃，因此导致四种灌木丛植被恢复区土壤水分蒸散量很大，都在50毫米以上；该月份降水量又很少，不足15毫米，所以该地区固沙植被恢复区土壤水分的蒸散量都比补给量大非常多，均在3倍以上。7月随着生长季进入了一定阶段，四种灌木丛固沙植被恢复区土壤水分蒸散量都很小且差异不大，均在30~40毫米，都比该月份降水量少，使6月透支的水分得到了一定的补给。8月唯有紫穗槐灌木丛固沙植被恢复区土壤水分蒸散量继续减少且到达生长季中的最低值，仅20毫米左右；其他三种灌木丛土壤水分蒸散量都有所增加，油蒿灌木丛土壤水分蒸散量为40.7毫米，沙地柏灌木丛土壤水分蒸散量为35毫米左右，羊柴灌木丛土壤水分蒸散量则达到生长季中的最高值，将近60毫米，比同期降水量不足50毫米的还要多10毫米以上。9月为该地区固沙植被的生长季后期，紫穗槐与沙地柏灌木丛恢复区土壤水分蒸散量均有所增加且都在50毫米左右；油蒿与羊柴灌木丛恢复区土壤水分蒸散量都有所减少且仅在35毫米左右。

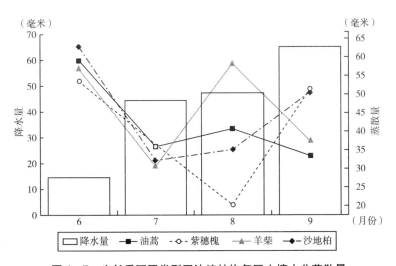

图4-7   生长季不同类型固沙植被恢复区土壤水分蒸散量

（2）土壤水分平衡计算。6~9月，不同类型固沙植被恢复区土壤水分蒸散量所占同期降水量的百分比均存在差异（见图4-8）。6月由于四种灌木丛土壤水分蒸散量太大，而同期降水量又很少，它们的百分比都达到350%以上，所以四种类型固沙植被恢复区土壤水分都是透支很大的。7月四种灌木丛土壤水分蒸散量与 6 月相比急剧下降，且百分比相差不大均不足 100%，说明当月它们的土壤水分是有结余的。8 月除了羊柴灌木丛土壤水分蒸散量占同期降水量的百分比高达到 123%，其他三种灌木丛均在 100% 以下，也就是说只有羊柴灌木丛土壤水分是透支的，其他三种灌木丛则依然是有结余的。9 月紫穗槐、沙地柏灌木丛恢复区土壤水分蒸散量占同期降水量的百分比有所增加但依然不足 100%；油蒿、羊柴灌木丛土壤水分蒸散量占同期降水量的百分比均下降到 50% 左右，说明四种灌木丛的土壤水分都是有结余的。

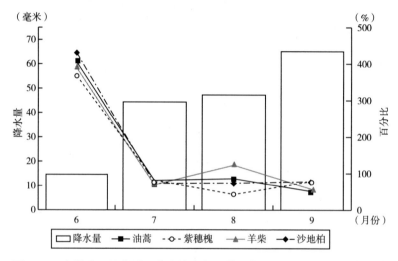

图 4-8　生长季不同类型固沙植被恢复区蒸散量占同期降水量中的百分比

在整个生长季中，不同类型固沙植被恢复区土壤水分总蒸散量占总降水量的百分比存在明显差异（见图 4-9）。其中，紫穗槐灌木丛土壤水分总蒸散量最少，占总降水量的百分比也最低，仅为 94.33%，说明同期降水仍有"结余"；油蒿灌木丛土壤水分总蒸散量占总降水量的百分比将近 100%，说明同期降水和蒸散量持平；羊柴、沙地柏灌木丛土壤水分总蒸散量占总降水量的百分比相差不大，羊柴灌木丛的百分比最大，达到 106.74%，说明该地区蒸散量大于同期降水量，土壤水分出现"亏缺"状态。总的来说，在 2019 年 6~9 月的生长季中，紫穗槐灌木丛土壤水分是增多的；油蒿灌木丛土壤水分的补给与消耗相对接近持平；羊柴、沙地柏灌木丛土壤水分是减少的，羊柴灌木丛的水分亏损最严重。

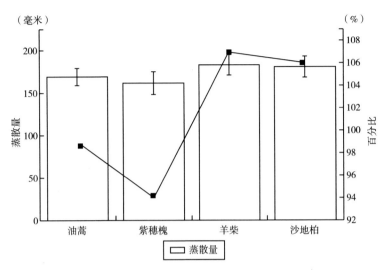

图4-9 生长季不同类型固沙植被恢复区土壤水分蒸散量

及其在同期降水量中所占的百分比（平均值±标准差）

从前面的研究可以得出，降水量一样，蒸散量越大，其含水量越小，从而贮水增加量越小（见图4-10）。紫穗槐灌木丛恢复区土壤水分蒸散量是最少的，而其土壤贮水变化量是增加最多的；油蒿灌木丛恢复区土壤水分蒸散量与降水量相差不大，而其贮水变化量几乎可以当作不变；羊柴与沙地柏灌木丛恢复区土壤水分蒸散量都很大，它们的贮水变化量自然而然是很大的负

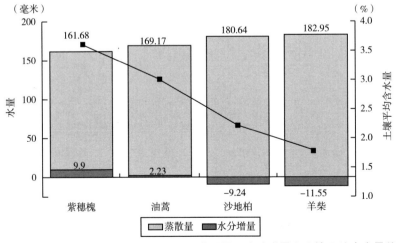

图4-10 不同类型固沙植被恢复区水分蒸散量、水分增量和土壤平均含水量关系

值。在整个生长季中，紫穗槐灌木丛恢复区蒸散量仅 161.68 毫米，土壤平均含水量达 3.62%，水分增量达 9.90 毫米；油蒿的蒸散量为 169.71 毫米，平均含水量为 3.01%，水分增量为 2.23 毫米；沙地柏的蒸散量是 180.64 毫米，平均含水量是 2.22%，水分增量是 -9.24 毫米；羊柴的蒸散量达 182.95 毫米，平均含水量仅 1.78%，水分增量达 -11.55 毫米。

4.5 讨　论

在干旱、半干旱地区生态系统中，灌木植被占有特殊的地位，可以与环境保持一致性和连续性。固沙灌丛形成后的水分动态以及沙地植物对水分亏缺的适应性，是干旱、半干旱地区沙地生态系统演化研究关注的焦点。在降水量相同且地形差异几乎可以忽略的前提下，植被是造成土壤含水量较大差异的最主要原因。我们的研究结果发现，固沙植被的恢复造成土壤含水量的空间差异（见图 4-4）。我们的研究结果与阿拉木萨等（2006）、安慧和安钰（2011）的研究结果有相似之处，更多的是不同的地方。最大的区别就是他们都是研究单一植被类型的土壤水分平衡特征；而我们是研究四种不同灌木丛土壤水分动态与水量平衡特征。阿拉木萨等（2006）研究的土壤含水量垂直变化与我们研究的结果有很大的不同，他们得出的趋势线大致上都是先增加后减少再增加最后减少的变化，且总体上起伏不大，我们的则大体上都是先减少后增加再减少的变化，整体上波动较大；不过，他们研究的土壤水分蒸散量与我们的结果较为相似，蒸散量最高的都是在 6 月，且远远大于其他月份，其他月份的蒸散量相比较就较为复杂。从土壤贮水量的研究分析中可以得出，降水量在非常大的程度上影响土壤的含水量，进而影响土壤贮水量的大小。我们的研究结果发现，6~9 月不同灌木丛恢复区土壤贮水量存在明显差异，且随着降水量的增加而变多（见图 4-6）。安慧和安钰（2011）研究的土壤贮水量结果与我们的研究结果也有很大的不同，他们的是呈先减少后增加再减少的"S"形的趋势线；我们的则大体上是随着降水量的增加而逐渐递增的趋势。不同类型固沙植被恢复区土壤水分时空变化明显（见图 4-5）。尤其是表层土壤水分的变化较大，主要是受降水波动的影响。这说明灌丛土壤水分的变化主要受降雨的影响（Li X. R. et al.，2001；安慧等，2011；Alamusa et al.，2005）。在干旱、半干旱地区，土壤"水库"中蓄存的有效水量是地上植被生长最主要的水分来源，土壤"水库"的容量和有效水分的数量直接影响到沙地植被分布的格局及其稳定性（Gerile et al.，2010）。相比表层土壤，深层土壤水分变化相对稳定，可能的原因就是与供试植物种类、年龄、立地条件或其他因素相关。（1）植被类型不同。（2）种植密度不同，单位面积上的耗水量不同。（3）每个月的降水不同，造成不同月份的含水量有较明显的差异；或者说我们每个月测定了一次含水量，雨前的降水分布不一样，所以含水量差异大。

降雨和蒸散是荒漠化地区植物群落水分平衡的重要组成部分。从沙地水分的有限性和植物群落土壤水分供需平衡的角度分析，如果植物群落土壤水分亏缺程度较轻，且能及时得到补充，则该植物群落的适应性和稳定性较强（Alamusa et al.，2005）。在降水量一致的前提下，蒸散量差异是造成土壤含水量空间差异的主要原因。土壤含水量又为其水分的蒸散作用提供资源；反过来蒸散作用也在很大程度上影响着土壤的含水量。根据上面的公式是可以求出蒸散量的，但这个蒸散量是土壤水分的蒸散量，土壤水分蒸散量包括植被蒸腾量与土壤蒸发量。在我们的研究区中，土壤蒸发量可以当作是一样的，影响土壤水分蒸散量的变量因素是不同的灌木丛植被。我们的研究结果发现，降水量一样，蒸散量越大，其含水量越小，从而贮水增加量越小（见图 4-10）。紫穗槐灌木丛的蒸散量最小，所以土壤含水量最高，而其贮水量增加也最多；羊柴灌木丛的蒸散量最大，其土壤含水量也最低，甚至贮水量增量为负值且最小。固沙植被恢复区土壤含水量的时空差异，可能与不同类型固沙植被的根系分布和种植密度有关。一般来说，植物根部越发达，植被盖度越高，对土壤水分的吸收就越多，从而使土壤含水量变小。固沙植被经过一定时期的恢复，土壤水分状况的"恶化"或长期"透支"影响固沙植被的长势和持续稳定性。我们的调查结果表明（见表 4-1），羊柴植被盖度最高，土壤水分"亏欠"和"透支"数量也最高，不利于固沙植被的长期稳定生长；而固沙植物紫穗槐的植被盖度最低，土壤水分"结余"程度最高，有利于固沙植被的长期稳定生长。因此，从土壤水分收支平衡的角度来看，紫穗槐恢复区土壤水分状况良好，有利于固沙植被的长期稳定；而羊柴恢复区土壤水分状况最差，不利于其稳定生长。

总的来说，我们的研究只能算是初步结果，主要涉及研究的周期和采样次数不足。通过中国天气网的数据调查，发现在近 10 年中，2019 年生长季降水偏少，确定该年份是缺水年；如果遇到丰水年，部分固沙植被恢复区的水分旱情可能会得到一定的缓解。但是从目前羊柴和沙地柏灌木丛深层土壤水分的恶化现状来看，也不一定是一年降水的增加所能解决的。因此，我们还要增加采样次数与探究年份，以便获得不同类型固沙植被恢复区土壤水分状况的长期监测结果。除此之外，本次研究主要是试图解决现有固沙植被对区域水分条件的适应性问题。如果想量化单位面积上不同类型固沙植被的种植密度，还需要更加量化的手段；如需要掌握不同类型固沙植物的耗水量，从而确定合理的种植密度，以提高防风固沙技术体系的持久稳定性，进而为更加可持续的防风固沙植被体系的建立提供科学依据，还得做更深入、更细腻、更系统的研究。

4.6　本章小结

（1）不同类型固沙植被恢复区土壤水分时空变化差异明显。在水平方向上，油蒿、紫穗槐、羊柴和沙地柏恢复区土壤平均含水量依次为 3.01%、3.62%、1.78% 和 2.22%。从土壤含水量的垂直变化来看，0～40 厘米土壤含水量变化较大；40～200 厘米趋于稳定。在时间尺度上，6 月、7 月四种灌木丛土壤水分变化趋势大致上均呈先急剧减少后相对平稳的"L"形；8 月四种灌木丛土壤水分变化趋势基本接近且均呈先减少后增加再减少的"S"线变化；9 月，油蒿、紫穗槐、沙地柏固沙植被恢复区土壤含水量变化趋势相差不大，都呈先增加后减少的"几"字形变化，唯有羊柴固沙植被恢复区土壤含水量呈波动式递减趋势。从总体上看，油蒿、紫穗槐灌木丛恢复区土壤含水量相对丰富，均在 3% 以上；羊柴、沙地柏灌木丛恢复区土壤含水量仅在 2% 左右，羊柴灌木丛深层土壤水分接近 1%。

（2）不同类型固沙植被恢复区土壤贮水量变化存在差异。除羊柴灌木丛土壤贮水量在 8 月是减少之外，四种灌木丛的土壤贮水量都是随着降水量的增加而增加的。其中，紫穗槐灌木丛土壤贮水量最大，平均贮水量将近 120 毫米；油蒿灌木丛土壤贮水量次之，平均贮水量也快达到 100 毫米；羊柴、沙地柏灌木丛土壤贮水量差别不大，羊柴灌木丛土壤贮水量最少，平均仅有 61 毫米。

（3）不同类型固沙植被恢复区土壤水分收支平衡存在差异。其中，紫穗槐灌木丛土壤水分总蒸散量最少，占总降水量的百分比也最低，仅为 94.33%，说明同期降水仍有"结余"；油蒿灌木丛土壤水分总蒸散量占总降水量的百分比将近 100%，说明同期降水和蒸散量持平；羊柴、沙地柏灌木丛土壤水分总蒸散量占总降水量的百分比相差不大，羊柴灌木丛的百分比最大，达到 106.74%，说明该地区蒸散量大于同期降水量，土壤水分出现"亏缺"状态。从水分收支和水量平衡的角度看，紫穗槐和油蒿灌木在该区的长势良好；而羊柴和沙地柏深层土壤水分"亏缺"严重，不利于其长期稳定生长。

第5章

库布齐沙漠东缘4种固沙
灌木水分利用特征

5.1 引 言

我国是世界上受荒漠化危害最严重的国家之一，其中沙漠化最为严重（王涛，2016）。长期以来，种植人工植被是减轻风沙危害和改善沙区生态环境的最有效途径（李新荣等，2014）。随着"三北"防护林、退耕还林还草工程和京津风沙源治理工程等一系列以植被建设为主的国家重点生态环境建设工程的实施，沙区植被盖度显著提高，沙区人居环境得到明显改善。然而，不合理、不科学甚至过于注重防风固沙植被体系短期生态效益的活动，导致现有的防风固沙植被体系经过一定时期的恢复相继出现了不同程度退化甚至死亡的现象，防沙治沙出现了"治标不治本"的现象。防风固沙植被体系的持续稳定性问题不但引起了社会各界的普遍关注，而且还直接威胁着国家生态安全和区域可持续发展。如何基于区域有限的水分条件，通过对防风固沙植被体系的选择和优化，以最大程度地减缓防风固沙植被之间的水分竞争，从而提升防风固沙植被体系的稳定性无疑是个有益且必要的尝试。特别是在当前全面提升生态系统质量和稳定性的新要求下，相关研究显得尤为必要和紧迫。而全面又深入认知固沙植物水分利用特征恰恰是对区域防风固沙植被体系进行选择和优化，进而提升其质量和稳定性的重要生态水文学依据。

稳定同位素是天然存在于生物体内的不具有放射性的一类同位素，其原子结构是稳定的，不会自发地放出射线而使核结构发生改变。氢氧稳定同位素可被用作水的"指纹"，它在降水、植物水和土壤水的转化中有着广泛的用途（Ehlering R. et al.，1992；Schwinning S. et al.，2005），而氢氧稳定同位素技术则是目前研究植物水分利用来源研究的主要途径（White W. et al.，1985；Meinzer C. et al.，2001）。除极少数盐生植物外（Patrick Z. et al.，2007；林光辉，2013），其他植物从土壤中吸取的水分通过茎节传递至嫩枝和叶片时并未发生同位素的分馏，而在这一进程中，可将木质部水同位素值可以看成是不同水源同位素值的综合作用（Dawson E. et al.，1991；Zimmermann U. et al.，1966）。基于同位素质量守恒定律，将植物木质部水与各潜在水源的同位素进行对比，从而得出植物主要的水分利用来源（Kathleen E. D. et al.，2009；Thorbrn J. et al.，1994；Rossatto R. et al.，2012），是定量识别植物水分利用来源的有效方法。

　　库布齐沙漠是中国七大沙漠之一，是离北京最近的沙漠，也是我国北方重要生态安全屏障的重要组成部分（王睿等，2018），同时也是我国重要的能源基地，具有重要的战略地位。随着近几十年的防沙治沙和植被生态修复，沙区植被盖度显著提高，植物固沙取得了举世瞩目的成效。但同时，人工固沙植被退化的现象也十分普遍。忽视当地水分条件的植被承载力以及对固沙植物水分利用特征的认识不足是造成上述现象的重要原因。为此，本书以人工固沙植被普遍发育的库布齐沙漠为例，选择不同类型的典型固沙植物，利用氢氧稳定同位素技术，识别固沙植物水分利用来源、比例及其对降水变化的响应规律，计算植物平均吸水深度，摸清固沙植物水分利用特征，探索与局地自然环境条件相适应的防风固沙植被优化配置技术，夯实我国风沙区固沙植被建设的生态水文学基础的同时，为区域植被生态修复提供实践参考，具有重要的理论基础和现实意义。

5.2　研究区概况

5.2.1　地理位置

库布齐沙漠地处鄂尔多斯高原北部，北、东和西面被黄河包围，总面积

为 1.86×10^4 平方公里。东北地区相对低，西南地区相对高，呈现出由西南向东北倾斜的地貌特征。库布齐沙漠北部是河漫滩地，南部是构造台地（硬梁地），中间为覆盖在河成阶地上风成沙丘，海拔为 1000～1400 米。库布齐沙漠地貌景观呈东西走向，形态以格状沙丘和沙丘链为主，其次是固定沙丘和半固定沙丘，形态以灌丛沙丘、抛物线状沙丘和梁窝状沙丘为主。固定和半固定沙地大多分布在库布齐沙漠的边缘，并且以南部居多。

研究区位于国家牧草产业技术体系鄂尔多斯综合试验站人工固沙植被恢复区内（见图 5－1），地处库布齐沙漠东缘，海拔在 1000～1500 米，是库布齐沙漠东段荒漠地区向草原地区的过渡地带。研究区土壤类型以风沙土和沙壤土为主。

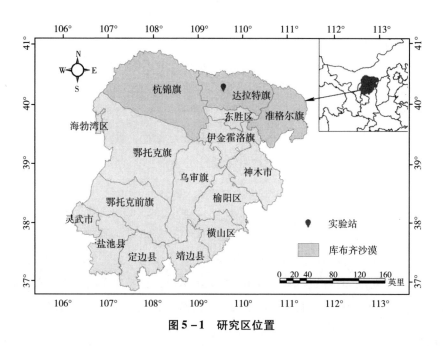

图 5－1　研究区位置

5.2.2　气象气候特征

研究区属于典型的温带大陆性气候，气候特点是冬季寒冷漫长，夏季短暂温暖，降水量少，蒸发量大。年平均气温为 6℃，最低气温为 –32.3℃，最高气温为 38.3℃，无霜期为 130～140 天，8 级以上大风日数 27 天，扬沙日数 58 天，多出现在 3~5 月，年平均风速为 3.3 米/秒，最大瞬时风速高达 30 米/秒。研究区年降水量为 250~350 毫米，年平均蒸发量为 2160 毫米，降水主要集中在 7~8 月，占全年降水量的 60%。

5.2.3　植被特征

库布齐沙漠天然植被自东向西呈地带性分布规律，即东部为干旱草原植被类型；西部为荒漠草原植被类型。干旱草原植被类型主要以针茅（*Stipa capillata*）等多年生禾本科植物为主，伴有小半灌木戈壁天门冬（*Asparagus gobicus*）、百里香（*Thymus mongolicus*）等；西部与西北部的荒漠草原植被群落由于降水的减少，半灌木成分增加，建群种以旱生或中旱生灌木如狭叶锦鸡儿（*Caragana stenophylla*）、毛刺锦鸡儿（*Caragana tibetica*）、半灌木如黑沙蒿（*Artemisia ordosica*）和多年丛生禾本科植物如沙生针茅（*Stipa glareosa*）等为主。研究区主要有人工植被柠条锦鸡儿（*Caragana korshinskii*）、北沙柳（*Salix psammophila*）、黑沙蒿（*Artemisia ordosica*）、叉子圆柏（*Sabina vulgaris*）等。

5.2.4　水资源概况

研究区水资源储量大、水质好、分布广，境内地表水平均径流量 1.36 亿立方米。黄河过境流程 178.5 公里，年均径流量 248 亿立方米。"十大孔兑"穿过全旗境内流入黄河，流域总面积 63.34 公顷，年平均径流量 1.55 亿立方米。研究区地下水储量丰富，为 5.33 亿立方米。研究区地下水位较深。

5.3　研究方法

5.3.1　样地布设

在研究区野外观测站点周边选择地形差异较小，固沙植被发育良好的区域，设置固定样地。在固定样地，分别选择长势良好，且具有代表性的北沙柳、柠条锦鸡儿、叉子圆柏和黑沙蒿植物各 3 株，作为目标植物，用于后期样品采集。由于所选的研究区植被主要以人工固沙植被为主，植被群落组成较单一。所选的 4 种人工固沙植物如图 5 - 2 所示。表 5 - 1 为研究区所选的固沙植物基本特征。

|（a）柠条锦鸡儿 | （b）北沙柳 |
|（c）黑沙蒿 | （d）叉子圆柏 |

图 5 - 2 不同类型的人工固沙植物

表 5 - 1　　　　　　　　　研究区所选固沙植物基本特征

物种	冠幅（平方米）	株高（厘米）
柠条锦鸡儿	1.8	152.3
北沙柳	2.6	122.6
黑沙蒿	1.5	76.8
叉子圆柏	2.2	32.4

5.3.2　样品采集

样品采集是在 2021 年的 6 ~ 9 月进行。其间，土壤、植物和地下水样品每个月采集 2 次。具体采样日期分别是 6 月 25 日、6 月 30 日、7 月 12 日、7 月 18 日、8 月 19 日、8 月 27 日、9 月 16 日和 9 月 24 日。为探明不同类型固沙植物水分利用特征对降水变化的响应，本书选择 3 次自然降水事件（6 月 25 日降雨量：4.8 毫米；8 月 19 日降雨量：22.4 毫米；9 月 16 日降雨量：14.6 毫米），分别代表小降雨、较大降雨和中等量级的降雨，在雨后第一天和雨后 5 ~ 8 天进行采集植物样品和土壤样品，作为湿润和干旱条件下植物水分利用特征的对比。

（1）土壤样品采集。选定不同类型的固沙植物各 3 株，距离根部 20 厘米处向阳方向用直径 10 厘米的土钻，分别取 0 ~ 20 厘米、20 ~ 40 厘米、40 ~ 60 厘米、60 ~ 80 厘米、80 ~ 100 厘米、100 ~ 120 厘米、120 ~ 140 厘米土层，把各土层土壤样品分为两份。一份迅速装入 20 毫升样品瓶中，用 Parafilm 封口膜将其密封后做好标记，置于低温环境里，带回实验室保存在 4℃ 冰箱里；另一份装入铝盒，用于土壤含水量的测定。

（2）植物样品采集。分别在柠条锦鸡儿、北沙柳、黑沙蒿和叉子圆柏植物中部向阳面，截取 2 ~ 3 段 3 ~ 4 厘米的枝条，将枝条的外皮和韧皮部位去除，留下的部分即为木质部分，将采集的植物样品立即装入 20 毫升样品瓶内，用 Parafilm 封口膜将其密封，低温保存运回至实验室后保存在 4℃ 的冰箱里。

（3）降水与地下水样品采集。用标准雨量计收集降雨量。降雨结束后把雨量计收集的雨水装入样品瓶内用于同位素的分析。在降雨过程中，在雨量计上口放置一个乒乓球，防止雨水发生分馏。地下水样以实验站井水来代替，即实验站深水井与固沙植物之间的水平距离在 0.5 公里范围之内。取样时，将取出的水样保存在 20 毫升样品瓶中，用 Parafilm 封口膜密封，迅速放入零下 6℃ 冰箱低温保存等待氢氧同位素的测定。

5.3.3　室内分析

（1）样品同位素分析。待样品采集结束后，把所有土壤、植物和降水样品送至西安理工大学西北旱区生态水利国家重点实验室进行抽水和氢氧（δD 和 $\delta^{18}O$）同位素含量的测定。具体方法是：利用全自动真空冷凝抽提系统对植物和土壤样品进行水分的提取。然后把提取的水分置于常温下融化，通过针管经过孔径为 0.45 微米、直径为 13 毫米的针筒式滤膜过滤器过滤，并装入 2 毫升的样品瓶中，每个针管只能用于 1 个样品，以防止样品之间互相污染而影响测试结果。测试过程中，每个样品瓶加入 0.5 ~ 1.5 毫升的样品，使样品体积处于稳定状态，以提高试验结果的准确性。

不同水体的氢氧同位素测定均采用 LGR 液态水同位素分析仪。其中 δD 值的测试误差不超过 ± 1‰，$\delta^{18}O$ 值的测试误差不超过 ± 0.3‰，分析得出的 δD 和 $\delta^{18}O$ 值以相对于维也纳标准平均海洋水的千分差值表示：

$$\delta X = \left(\frac{R_{samples}}{R_{SMOW}} - 1 \right) \times 1000 \qquad (5-1)$$

式中，X 为所求同位素值；$R_{samples}$ 为测试样品的氢或氧的丰度比值；R_{SMOW} 为标准海水氢或氧的同位素自然丰度比值。

（2）土壤含水量分析。土壤含水量的测定采用烘干法。即把生长季 6 ~ 9 月采集的各土壤层样品带回实验室后，将土壤样品置于 105℃ 恒温箱中，烘干到 8 小时左右至恒重，待冷却后称重，计算土壤重量含水量，具体计算公式如下：

$$W = \frac{W_1 - W_2}{W_2 - W_0} \times 100\% \qquad (5-2)$$

式中，W_0 为铝盒重量（克）；W_1 为铝盒 + 湿土重量（克）；W_2 为铝盒 + 烘干土重量（克）。

5.3.4 植物水分利用来源的定量识别方法

（1）将植物木质部水体的同位素值（δD 或 $\delta^{18}O$）与不同深度的土壤水和地下水氢氧同位素进行对比。当植物木质部水与潜在水源仅有一个交叉处时，这个交叉处的水源是该植物主要的水分利用来源；若有 2 个或更多的交叉处时，则表明该种植物具有多个水分利用来源；若没有交叉处，就不能直接判定其水分利用来源。

（2）用多元混合模型（Iso-Source）判断各潜在水源对植物水分利用来源

的贡献率。即在 Sources 部分输入不同深度的土壤水和地下水 δD 值。在 Mixtures 部分输入植物木质部水样的 δD 值。Increment 设为 1%，允许偏差设为 0.01 ~ 0.05，单击 Calc 按钮开始计算。

（3）根据植物平均吸水深度模型，可以得到不同类型固沙植物平均吸水深度。此模型采用 Matlab 软件，根据同位素的质量守恒定律，运用插值计算出每厘米土壤的同位素值，得出植物的平均吸水深度。该模型运行前有三个假设：①在任何时间内，植物都可以吸收 0 ~ 50 厘米处的水分；②在整个 50 厘米的部分，植物的吸水服从正态分布；③植物不从两个不同的土壤剖面区域获取水分。具体计算公式如下：

$$n_i = \frac{1}{\sigma \sqrt{2\pi}} e^{-(Y-\mu)^2}/2\sigma, \qquad (5-3)$$

式中，n_i 为植物在深度 Y 处所吸收水分的比例；μ 为植物在土壤中吸水的平均深度；σ 为标准偏差值为 8.33。

该方法详细算法如下：分别依次输入所采集的土壤层次、每层土壤的同位素值、植物木质部的同位素值；然后输入植物吸收土壤水的标准偏差（8.33）；全部输入后，模型开始由 1 计算，土壤深度的计算间隔为 1 厘米，从而可以得出每厘米土壤水的同位素的贡献率；最终输出植物平均吸水深度。

5.3.5 数据处理

所有原始数据的处理在 Excel 中完成。用 Excel 软件对同位素的检测结果进行处理，检测结果分别使用多元混合模型（IsoSource）和植物平均吸水深度模型（Matlab）软件进行分析，所有制图用 Origin2018 软件进行。

5.4 结果与分析

5.4.1 6~9 月不同类型固沙植物水分利用来源分析

（1）样地降水与全球水线关系。基于实验过程中所收集的降水、地下水

和植物茎水 δD 与 $\delta^{18}O$ 值，绘制了库布齐沙漠东缘区域的大气降水线（LM-
WL）。在实验期间采集的降水样 δD 与 $\delta^{18}O$ 值的变化幅度分别为 $-6.86‰ \sim$
$-79.11‰$ 和 $-1.94‰ \sim -9.98‰$；地下水样 δD 与 $\delta^{18}O$ 值的变化范围分别为
$-60.38‰ \sim -64.32‰$ 和 $-7.73‰ \sim -8.49‰$。通过对 δD 与 $\delta^{18}O$ 的值进行
分析，得到该地区大气降水线方程（LMWL），为 $\delta D = 8.57\delta^{18}O + 8.57$
（$n = 27$，$R^2 = 0.98$），降水同位素值几乎全部位于全球大气降水线右下方
（见图5-3），表明在生长周期内，该地区的气候比较干燥，降雨受大陆性气团
的作用，在降水过程中，稳定同位素值和土壤水分都会被强烈蒸腾作用所影响。

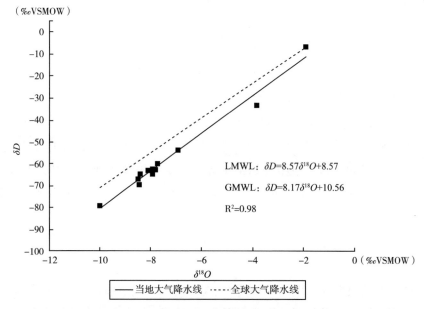

图5-3 试验期间降水、地下水 δD 和 $\delta^{18}O$ 关系

（2）生长季不同月份植物水分利用来源分析。

①生长季不同月份土壤含水量的变化。不同类型固沙植被恢复区土壤水
分含量的时空变化如图5-4所示。

a. 在6月，不同类型固沙植被恢复区土壤水分含量整体上表现出叉子圆
柏样地最高；黑沙蒿样地次之；北沙柳和柠条锦鸡儿样地相当［见图5-4
（a）］。柠条锦鸡儿样地土壤含水量随土层增加呈现先减小后递增再减小的规
律，在80~100厘米土层达到峰值（2.05%），这可能是由于采样之前降雨

量较少，蒸散发作用强烈导致浅层（0～40 厘米）土壤含水量低于中深层（40～80 厘米、80～140 厘米）土壤含水量；北沙柳样地土壤含水量随土层增加呈现逐层递增的变化规律，在 120～140 厘米土层达到峰值（2.92%），这可能是由于采样之前降雨少，蒸散发作用较大，使得浅层土壤水分含量小于深层土壤水分含量；黑沙蒿样地土壤含水量呈现先递增后减少再增加的变化规律，但整体土壤含水量的差异不大；叉子圆柏样地土壤含水量呈现先增加后减小的变化规律，在 20～40 厘米土层达到峰值（5.01%），这可能是由于叉子圆柏样地旁边有灌溉水的缘故，与其他植物存在水分竞争，故浅层土壤含水量高于中深层土壤含水量。

b. 在 7 月，不同类型固沙植被恢复区土壤水分含量整体上表现出叉子圆柏样地最高；北沙柳样地次之；黑沙蒿样地和柠条锦鸡儿样地相当［见图 5－4（b）］。柠条锦鸡儿样地土壤含水量在浅层达到峰值（1.96%），并随着土层的加深，其土壤水分含量的变化较稳定，变化范围在 1.52%～1.96%，可能是表层土壤水分在降水事件中得到了一定的补给；北沙柳样地土壤含水量在深层（120 厘米）土壤达到峰值（4.64%），整体来看呈现先减少后增多的变化规律，土壤含水量变化范围在 1.35%～4.6%；黑沙蒿样地土壤含水量在 60～80 厘米土层达到峰值（2.4%），整体来看呈现先递增、后减少的变化规律，土壤含水量变化范围在 1.53%～2.44%；叉子圆柏样地土壤含水量在深层土壤达到峰值（4.29%），整体来看，浅层（0～40 厘米）和深层（80～140 厘米）土壤含水量高于中层（40～80 厘米）土壤含水量，土壤含水量变化范围在 3.19%～4.29%。

c. 在 8 月，不同类型固沙植被恢复区土壤水分含量整体上表现出北沙柳样地最高；柠条锦鸡儿样地和叉子圆柏样地次之；黑沙蒿样地最低［见图 5－4（c）］。柠条锦鸡儿样地土壤含水量在浅中层（0～40 厘米、40～80 厘米）土壤最高，含水率达到了 6.1%，并随着土层的加深呈现先减小后增加再减小的变化规律，可能是 8 月降水偏多，使得表层土壤水分得到了较为充足的补给。北沙柳样地土壤含水量在中层（40～80 厘米）土壤最高，含水率达到了 5.37%，土壤含水量随土层增加呈现先增加再减小的变化规律，8 月降雨量相较多于 6 月和 7 月，随着降雨渗入，使得浅中层（0～40 厘米、40～80 厘米）的土壤含水量比深层（80～140 厘米）土壤含水量高；黑沙蒿样地土壤含水量在0～40厘米土层土壤的含水量最高，含水率达到了5.77%，土壤含水量随土层增加呈现先增加再减少的变化规律；叉子圆柏样地土壤含水量在浅层（0～20厘米）土壤最高，含水率达到了6.63%，土壤含水量随土层增加呈现逐渐减小的变化规律。

d. 在9月，不同类型固沙植被恢复区土壤水分含量整体上表现出叉子圆柏样地最高；北沙柳样地次之；黑沙蒿和柠条锦鸡儿样地相当［见图5-4(d)］。柠条锦鸡儿样地土壤含水量在浅层（0～20厘米）土壤最高，含水率达到了4.88%，并随着土层的加深呈现逐渐减少的变化规律，可能是9月降水偏多，使得表层土壤水分得到了较为充足的补给。北沙柳样地土壤含水量同样是在浅层（0～20厘米）土壤最高，含水率达到了4.69%，土壤含水量随土层增加呈现逐渐减少的变化规律；黑沙蒿样地土壤含水量在0～20厘米土层土壤含水量最高，含水率达到了3.69%，土壤含水量随土层增加呈现逐渐减少的变化规律；叉子圆柏样地土壤含水量在20～40厘米土壤最高，含水率达到了5.53%，土壤含水量随土层增加呈现先增加后逐渐减少的变化规律。

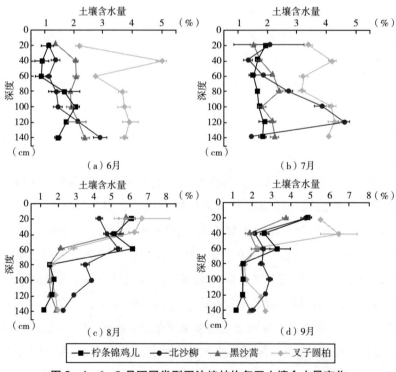

图5-4 6～9月不同类型固沙植被恢复区土壤含水量变化

②生长季不同月份土壤水氢同位素值分析。6~9月不同类型固沙植被恢复区不同土层土壤水中δD值的变化如图5-5所示。从图中可以看出，在生长季6月、7月和9月，4种固沙植物浅层（0~40厘米）土壤水氢同位素值大于中层（40~80厘米）和深层（80~140厘米）土壤水氢同位素值，土壤水氢同位素值随土壤深度增加呈现减少的趋势，这可能是因为受到强烈蒸腾作用的缘故，浅层土壤水因富集作用使δD值偏大；在生长季8月，柠条锦鸡儿、黑沙蒿和叉子圆柏样地土壤水氢同位素值随土壤深度的增加呈现增加的趋势，而北沙柳样地土壤水中δD值在各土层之间变化较大，整体处于不稳定状态，可能是因为当月降水量多，同时植物需水量增加所共同导致的这种变化。

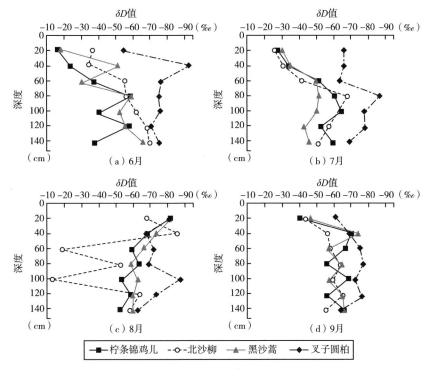

图5-5 6~9月不同类型固沙植被区土壤水δD值的变化

③生长季不同月份植物茎水同位素值分析。6~9月不同类型固沙植物茎部水样δD同位素值的差异如表5-2所示。从表中可以看出，在6月30日，不同类型固沙植物木质部水样δD同位素值由大到小依次是黑沙蒿、柠条锦鸡儿、北沙柳和叉子圆柏；在7月18日，不同类型固沙植物木质部水样δD同

位素值由大到小依次是黑沙蒿、北沙柳、柠条锦鸡儿和叉子圆柏；在 8 月 27 日，不同类型固沙植物木质部水样 δD 同位素值由大到小依次是北沙柳、柠条锦鸡儿、黑沙蒿和叉子圆柏；在 9 月 24 日，不同类型固沙植物木质部水样 δD 同位素值由大到小依次是黑沙蒿、叉子圆柏、柠条锦鸡儿和北沙柳。

表 5-2 　　　　　　6~9 月不同类型固沙植物茎部水样 δD 值的变化 　　　　单位:‰

日期	植物			
	柠条锦鸡儿	北沙柳	黑沙蒿	叉子圆柏
6 月 30 日	-54.59	-62.68	-8.22	-63.89
7 月 18 日	-57.23	-57.00	-35.72	-53.37
8 月 27 日	-52.30	-50.59	-53.88	-72.18
9 月 24 日	-58.48	-62.25	-29.76	-48.15

④生长季不同月份植物水分利用来源。

a. 6 月不同类型固沙植物水分利用来源的判定结果如图 5-6 所示。在 6 月，固沙植物柠条锦鸡儿木质部水样 δD 值与 60 厘米以下土层土壤水 δD 值有

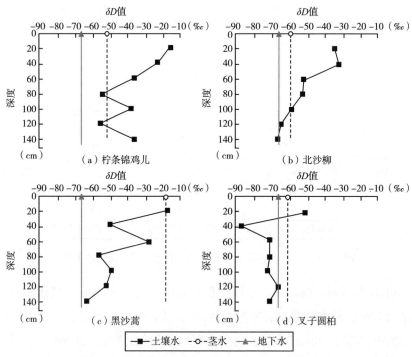

图 5-6 　6 月不同类型固沙植物土壤水、地下水 δD 值与植物水 δD 值比较

交点，说明柠条锦鸡儿主要利用 60 厘米以下土壤水；固沙植物北沙柳木质部
水样 δD 值与地下水样 δD 值和 100 厘米土层土壤水 δD 值相交，表明北沙柳主
要利用了 80 ~ 100 厘米土层的土壤水分和地下水；固沙植物黑沙蒿木质部水
样 δD 值与 20 厘米处土壤水 δD 值相交，说明黑沙蒿偏向于利用 0 ~ 40 厘米浅
层土壤水；固沙植物叉子圆柏水分利用土层与黑沙蒿接近，其植物木质部水
样 δD 值与 20 ~ 40 厘米土壤水 δD 值相交，也与地下水相交，说明既利用浅层
土壤水，也利用地下水。

b. 7 月不同类型固沙植物水分利用来源的判定结果如图 5 - 7 所示。在 7
月，固沙植物柠条锦鸡儿木质部水样 δD 值与地下水样 δD 值和 60 ~ 80 厘米、
100 ~ 140 厘米土层土壤水样 δD 值有交点，说明柠条锦鸡儿主要利用 60 ~ 80
厘米和 100 ~ 140 厘米土层土壤水和地下水；固沙植物北沙柳木质部水样 δD
值与地下水样 δD 值和 60 ~ 80 厘米和 120 厘米处土层土壤水 δD 值相交，表明
北沙柳主要利用 60 ~ 80 厘米和 120 厘米土层土壤水分和地下水；固沙植物黑
沙蒿木质部水样 δD 值与 40 厘米土层土壤水 δD 值相交，说明黑沙蒿偏向于利

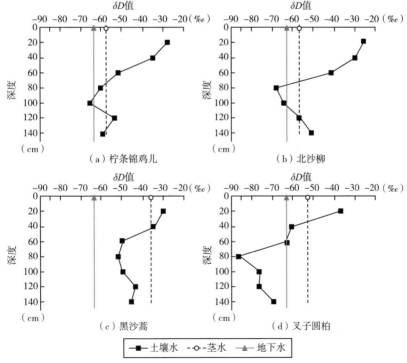

图 5 - 7   7 月不同类型固沙植物土壤水、地下水 δD 值与植物水 δD 值比较

用 0 ~ 40 厘米浅层土壤水；固沙植物叉子圆柏水分利用土层与黑沙蒿接近，其植物木质部水样 δD 值与 20 ~ 40 厘米土壤水 δD 值相交，也与地下水相交，说明既利用浅层土壤水，也利用地下水。

c. 8 月不同类型固沙植物水分利用来源的判定结果如图 5 - 8 所示。在 8 月，固沙植物柠条锦鸡儿木质部水样 δD 值与 100 厘米、140 厘米土层土壤水 δD 值有交点且与地下水样 δD 值也有交点，说明柠条锦鸡儿主要利用 100 厘米和 140 厘米土层土壤水分和地下水；固沙植物北沙柳木质部水样 δD 值与地下水样 δD 值和 40 ~ 60 厘米、80 厘米、100 ~ 120 厘米 3 个土层土壤水 δD 值相交，表明北沙柳主要利用了 40 ~ 60 厘米、80 厘米和 100 ~ 120 厘米土层土壤水和地下水；固沙植物黑沙蒿木质部水样 δD 值与地下水样 δD 值和 80 ~ 120 厘米土层土壤水 δD 值相交，说明黑沙蒿偏向于利用 80 ~ 120 厘米深层土壤水和地下水；固沙植物叉子圆柏木质部水样 δD 值与各土层土壤水 δD 值都有交点，水分利用较为平均。

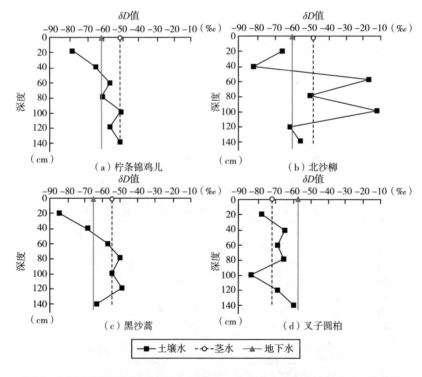

图 5 - 8　8 月不同类型固沙植物土壤水、地下水 δD 值与植物水 δD 值比较

d. 9 月不同类型固沙植物水分利用来源的判定结果如图 5 – 9 所示。在 9 月，固沙植物柠条锦鸡儿木质部水样 δD 值与各土层土壤水 δD 值交点过多，水分利用平均，且地下水对各土层土壤水有补给作用；固沙植物北沙柳木质部水样 δD 值与地下水样 δD 值和 60 厘米以下土层土壤水 δD 值相交，表明北沙柳主要利用 60 厘米以下土层土壤水和地下水；固沙植物黑沙蒿木质部水样 δD 值与 20 ~ 60 厘米土壤水 δD 值相交，说明黑沙蒿偏向于利用 20 ~ 60 厘米土层土壤水分；固沙植物叉子圆柏木质部水样 δD 值与 60 厘米以下土层土壤水 δD 值都有交点且与地下水样 δD 值也有交点，说明叉子圆柏偏向于利用 60 厘米以下土层土壤水分和地下水。

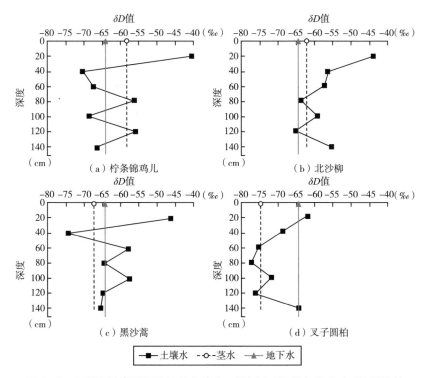

图 5 – 9　9 月不同类型固沙植物土壤水、地下水 δD 值与植物水 δD 值比较

⑤生长季不同月份植物水分利用来源的比例。6 ~ 9 月，各土层土壤水分（含地下水）在不同类型固沙植物水分利用来源中所占的比例变化如图 5 – 10 所示。

a. 在 6 月，固沙植物柠条锦鸡儿主要利用地下水，其贡献率 29%；固沙植物黑沙蒿主要利用0~40厘米浅层土壤水，其贡献率为97%；固沙植物北沙柳主要利用80~140厘米深层土壤水和地下水，其贡献率都为21%；固沙植物叉子圆柏主要利用0~20厘米浅层土壤水，其贡献率为53%。

　　b. 在7月，固沙植物柠条锦鸡儿主要利用60~80厘米和100~120厘米土层土壤水分，其贡献率为17%；固沙植物黑沙蒿主要利用0~40厘米浅层土壤水，其贡献率为53%；固沙植物北沙柳主要利用80~100厘米土层土壤水和地下水，其贡献率都为18%；固沙植物叉子圆柏主要利用0~20厘米浅层土壤水，其贡献率为47%。

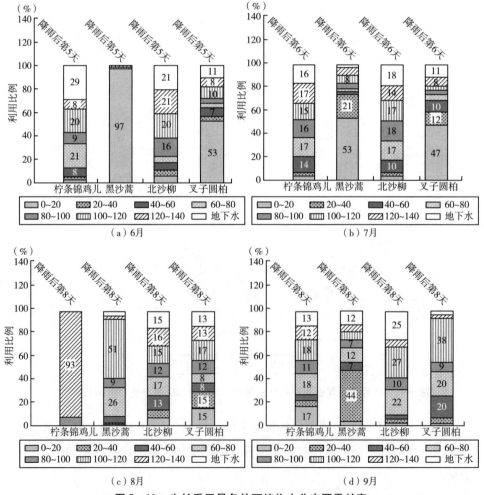

图 5-10　生长季干旱条件下植物水分来源贡献率

c. 在8月，固沙植物柠条锦鸡儿主要利用120～140厘米土层土壤水，其贡献率为93%；固沙植物黑沙蒿主要利用100～120厘米土层土壤水，其贡献率为51%；固沙植物北沙柳主要利用60～80厘米土层土壤水，其贡献率为17%；固沙植物叉子圆柏主要利用100～120厘米土层土壤水，其贡献率为17%。

d. 在9月，固沙植物柠条锦鸡儿主要利用60～80厘米和100～120厘米土层土壤水分，其贡献率为18%；固沙植物黑沙蒿主要利用20～40厘米浅层土壤水，其贡献率为44%；固沙植物北沙柳主要利用100～120厘米土层土壤水，其贡献率为27%；固沙植物叉子圆柏主要利用100～120厘米土壤水，其贡献率为38%。

⑥生长季不同月份植物平均吸水深度。6～9月不同类型固沙植物平均吸水深度的计算结果如表5－3所示。6月，固沙植物柠条锦鸡儿和北沙柳主要吸水深度为80～140厘米，以利用深层土壤水为主，固沙植物黑沙蒿、叉子圆柏和柠条锦鸡儿主要吸水深度为0～40厘米，以利用浅层土壤水为主；7月，固沙植物黑沙蒿和叉子圆柏仍以利用0～40厘米浅层土壤水分为主，而柠条锦鸡儿和北沙柳则有两个吸水层位，分别是40～80厘米和120～140厘米；8月，固沙植物柠条锦鸡儿吸水深度为80～140厘米深层土壤水，黑沙蒿的吸水深度0～40厘米浅层土壤水，北沙柳吸水深度为40～60厘米土层土壤水，叉子圆柏吸水深度为0～40厘米土层土壤水；9月，固沙植物黑沙蒿和叉子圆柏吸水深度均为0～40厘米浅层土壤水，而柠条锦鸡儿和北沙柳则主要利用100～120厘米土层土壤水。

表5－3　　　　　6～9月不同类型固沙植物平均吸水深度的变化

日期	植物	平均吸水深度（厘米）
6月	柠条锦鸡儿	83
	北沙柳	103
	黑沙蒿	8
	叉子圆柏	24
7月	柠条锦鸡儿	72、135
	北沙柳	71、123
	黑沙蒿	38
	叉子圆柏	15

续表

日期	植物	平均吸水深度（厘米）
8月	柠条锦鸡儿	119
	北沙柳	78
	黑沙蒿	10
	叉子圆柏	23
9月	柠条锦鸡儿	131
	北沙柳	111
	黑沙蒿	11
	叉子圆柏	15

5.4.2 固沙植物水分利用特征对降水变化的响应

（1）土壤含水量对降水变化的响应。

①小降雨事件后土壤含水量的变化。在小降雨（4.8毫米）事件后，不同类型固沙植被恢复区土壤水分含量的差异如图5-11所示。从图中可看出，在柠条锦鸡儿、黑沙蒿和叉子圆柏植被恢复区，雨后第1天的土壤含水量均大于雨后第5天的土壤含水量；而北沙柳植被恢复区，雨后第1天60厘米以上土层土壤含水量大于雨后第5天的土壤含水量，但雨后第1天60厘米以下土层土壤含水量小于雨后第5的土壤含水量。

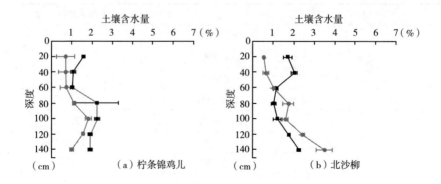

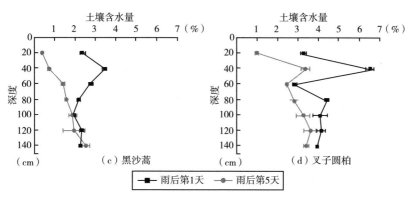

图5-11　土壤含水量变化

②中等降雨事件后土壤含水量的变化。在中等降雨（14.6 毫米）事件后，不同类型固沙植被恢复区土壤水分含量的差异如图 5-12 所示。从图中可看出，在柠条锦鸡儿和北沙柳固沙植被恢复区，雨后第 1 天的 0~80 厘米

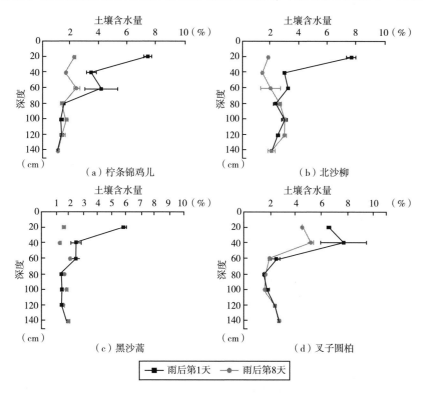

图5-12　土壤含水量变化

土层的土壤含水量均高于雨后第 8 天其他土层的土壤含水量，在 80 厘米以下各土层的土壤含水量差异不是很大；在黑沙蒿和叉子圆柏固沙植被恢复区，雨后第 1 天的 0～60 厘米土层的土壤含水量均高于雨后第 8 天其他土层的土壤含水量，在 60 厘米以下各土层的土壤含水量差异不是很大。

③较大降雨事件后土壤含水量的变化。在较大降雨（22.4 毫米）事件后，不同类型固沙植被恢复区土壤水分含量的差异如图 5-13 所示。从图中可看出，在 4 种不同类型固沙植被恢复区在雨后第 1 天 0～60 厘米土层的土壤含水量均高于雨后第 8 天其他土层的土壤含水量，在 60 厘米以下各土层的土壤含水量差异不是很大。

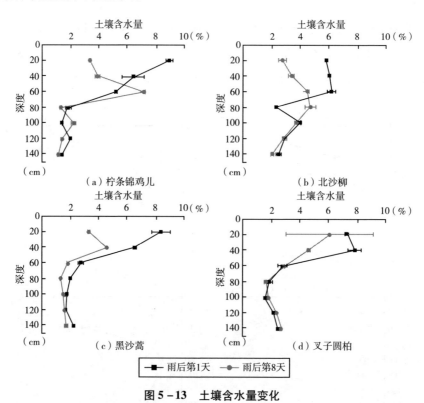

图 5-13　土壤含水量变化

（2）土壤水同位素值对降水变化的响应。

①小降雨条件下土壤水同位素值的变化。在 4.8 毫米降水条件下，雨后第 1、5 天土壤水同位素值的变化如图 5-14 所示。从图中可以看出，在雨后第 1 天，柠条锦鸡儿样地土壤水氢同位素值在 0～60 厘米土层内大于第 5 天

的氢同位素值，而在80厘米以下土层，雨后第5天的土壤水氢同位素值大于雨后第1天的氢同位素值；北沙柳样地样地雨后第1天土壤水氢同位素值均大于雨后第5天，并且随着土壤深度的增加逐渐减小；叉子圆柏样地则与黑沙蒿样地相反，在60厘米土层内，叉子圆柏样地雨后第1天土壤水氢同位素值均大于雨后第5天，但在60土层以下，土壤水氢同位素值趋于稳定状态。

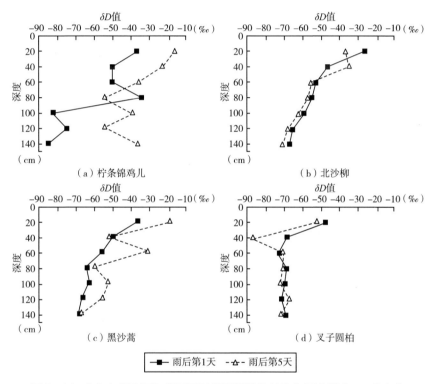

图5-14　4.8毫米降雨条件下不同类型固沙植被恢复区土壤水 δD 值变化

②中等降雨条件下土壤水同位素值的变化。在14.6毫米降水条件下，雨后第1、5天土壤水氢同位素值的变化如图5-15所示。从图中可以看出，在雨后第1天，柠条锦鸡儿样地土壤水氢同位素值大于第5天，并随着土壤深度的增加逐渐变大；北沙柳样地在60~120厘米土层内，土壤水氢同位素值表现为雨后第5天大于雨后第1天；在黑沙蒿样地，雨后第1天，土壤水氢同位素值在20~40厘米土层内均大于雨后第5天，并且随着土壤深度

的增加逐渐增大，雨后第1天，土壤水氢同位素值在80~1200厘米土层内均小于雨后第5天；叉子圆柏样地土壤水氢同位素值则是处于稳定状态，变化不大。

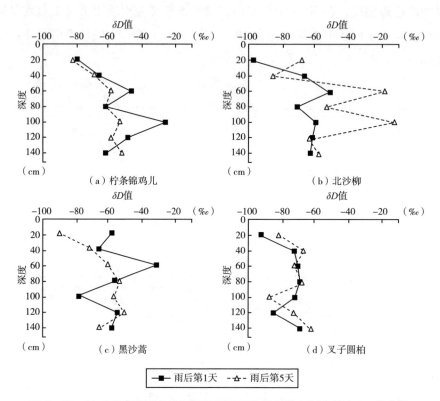

（a）柠条锦鸡儿　　　　　　　　（b）北沙柳

（c）黑沙蒿　　　　　　　　（d）叉子圆柏

—■— 雨后第1天　--△-- 雨后第5天

图 5 – 15　14.6 毫米降雨条件下不同类型固沙植被恢复区土壤水 δD 值变化

③较大降雨条件下土壤水同位素值的变化。在 22.6 毫米降水条件下，雨后第 1、5 天土壤水氢同位素值的变化如图 5 – 16 所示。从图中可以看出，在雨后第 1 天，柠条锦鸡儿样地土壤水氢同位素值均大于雨后第 5 天，且浅层（0~40 厘米）土壤水氢同位素值大于中层（40~80 厘米）和深层（80~140 厘米）土壤水氢同位素值；北沙柳样地土壤水氢同位素值在雨后第 1 天随土壤深度的增加表现出先降低后升高再降低的趋势，雨后第 5 天则是逐渐降低的趋势；黑沙蒿和叉子圆柏样地两者土壤水氢同位素变化的差异不是很大，但黑沙蒿样地土壤水氢同位素值随着土壤深度的增加表现为逐渐降低的趋势，而叉子圆柏样地土壤水氢同位素值在 0~80 厘米土层随土壤深度的增加呈现

逐渐降低的趋势，但在80～140厘米土层土壤水氢同位素值趋于稳定。

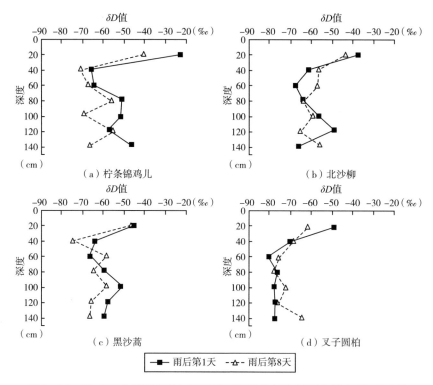

图 5-16 22.6毫米降雨条件下不同类型固沙植被恢复区土壤水 δD 值变化

（3）降雨后植物茎水同位素值分析。

①植物茎水同位素值对小降雨事件的响应。不同类型固沙植物木质部水氢同位素值对小降雨事件的响应结果如表5-4所示。从表中可以看出，雨后第1天不同类型固沙植物木质部水氢同位素值由大到小的顺序为：北沙柳＞黑沙蒿＝叉子圆柏＞柠条锦鸡儿。雨后第5天不同类型固沙植物木质部水氢同位素值由大到小的顺序为：黑沙蒿＞柠条锦鸡儿＞叉子圆柏＞北沙柳。

表 5-4　小降雨事件后不同类型固沙植物木质部 **δD** 值的变化　　单位:‰

降雨	植物			
	柠条锦鸡儿	北沙柳	黑沙蒿	叉子圆柏
雨后第 1 天	-66.30	-62.06	-62.90	-62.90
雨后第 5 天	-54.59	-62.68	-19.19	-63.80

②植物茎水同位素值对中等降雨事件的响应。不同类型固沙植物木质部水氢同位素值对中等降雨事件的响应结果如表 5 – 5 所示。从表中可以看出，雨后第 1 天不同类型固沙植物木质部水氢同位素值由大到小的顺序为：北沙柳 > 叉子圆柏 > 柠条锦鸡儿 > 黑沙蒿。雨后第 5 天不同类型固沙植物木质部水氢同位素值由大到小的顺序为：柠条锦鸡儿 > 北沙柳 > 黑沙蒿 > 叉子圆柏。

表 5 – 5 　　中等降雨事件后不同类型固沙植物木质部 δD 值的变化　　单位:‰

降雨	植物			
	柠条锦鸡儿	北沙柳	黑沙蒿	叉子圆柏
雨后第 1 天	– 53. 75	– 50. 55	– 58. 21	– 51. 56
雨后第 5 天	– 58. 48	– 62. 25	– 67. 35	– 74. 53

③植物茎水同位素值对较大降雨事件的响应。不同类型固沙植物木质部水氢同位素值对较大降雨事件的响应结果如表 5 – 6 所示。从表中可以看出，雨后第 1 天不同类型固沙植物木质部水氢同位素值由大到小的顺序为：黑沙蒿 > 柠条锦鸡儿 > 北沙柳 > 叉子圆柏。雨后第 5 天不同类型固沙植物木质部水氢同位素值由大到小的顺序为：北沙柳 > 柠条锦鸡儿 > 黑沙蒿 > 叉子圆柏。

表 5 – 6 　　较大降雨事件后不同类型固沙植物木质部 δD 值的变化　　单位:‰

降雨	植物			
	柠条锦鸡儿	北沙柳	黑沙蒿	叉子圆柏
雨后第 1 天	– 46. 32	– 59. 04	– 34. 60	– 74. 07
雨后第 5 天	– 52. 30	– 50. 59	– 53. 88	– 72. 17

（4）不同类型固沙植物水分利用来源对降水变化的响应。

①水分利用来源对小降雨事件的响应。不同类型固沙植物水分利用来源对小降雨事件的响应结果如图 5 – 17 所示。在小降雨条件下，柠条锦鸡儿样地降雨后第 1 天植物水中 δD 值与地下水和 80 ~ 100 厘米土层土壤水有一个交点，雨后第 5 天植物水中 δD 值与 60 ~ 140 厘米土层土壤水 δD 值有交点，可以判定柠条锦鸡儿在雨后第 1 天主要利用 80 ~ 100 厘米土壤水和地下水，而雨后第 5 天主要利用 60 ~ 140 厘米土壤水，表明小降雨条件下柠条锦鸡儿水分利用特征并没有发生明显的变化，仍然以利用较深层的土壤水分为主；北沙柳样地雨后第 1 天植物水中 δD 值与地下水样 δD 值和 100 ~ 120 厘米土层

土壤水 δD 值有交点，雨后第 5 天植物水中 δD 值与 100～120 厘米土层土壤水 δD 值有交点，说明北沙柳在雨后第 1 天主要利用 100～120 厘米土层土壤水和地下水，雨后第 5 天主要利用 100～120 厘米土层土壤水，说明在小降雨条件下深根系北沙柳并没有表现出利用浅层土壤水分的策略；黑沙蒿样地雨后第 1 天植物水中 δD 值与 80～120 厘米土层土壤水 δD 值有交点，雨后第 5 天植物水中 δD 值与 80 厘米和 120～140 厘米土层土壤水 δD 值有交点，判定黑沙蒿雨后第 1 天主要利用 100～120 厘米土层土壤水，雨后第 5 天主要利用 80 厘米和 120～140 厘米土层土壤水；叉子圆柏样地雨后第 1 天植物水中 δD 值与 20～40 厘米土层土壤水 δD 值交叉，雨后第 5 天植物水中 δD 值与 20～40 厘米土层土壤水 δD 值交叉，判定叉子圆柏在雨后第 1 天主要利用 20～40 厘米土层土壤水雨后第 5 天仍然主要利用 20～40 厘米土层土壤水。

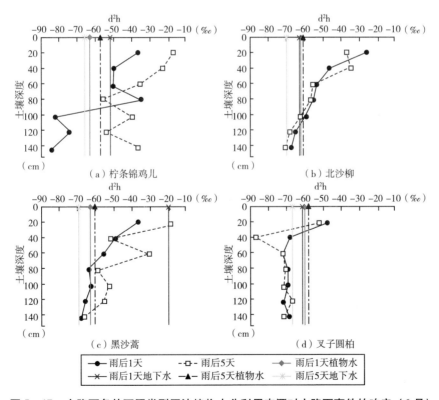

图 5 - 17　小降雨条件不同类型固沙植物水分利用来源对小降雨事件的响应（6 月）

②水分利用来源对中等降雨变化的响应。

不同类型固沙植物水分利用来源对中等降雨事件的响应结果如图 5 – 18 所示。在中等降雨条件下，柠条锦鸡儿样地降雨后第 1 天植物水中 δD 值与 20 ~ 40 厘米、60 ~ 80 厘米和 100 ~ 140 厘米土层土壤水有交点，雨后第 8 天植物图水中 δD 值与地下水样 δD 值和 20 ~ 40 厘米、60 ~ 140 厘米土层土壤水 δD 值有交点，可以判定柠条锦鸡儿在雨后第 1 天主要利用 20 ~ 40 厘米、60 ~ 80 厘米和 100 ~ 140 厘米土层土壤水，而雨后第 8 天主要利用 20 ~ 40 厘米、60 ~ 140 厘米土层土壤水和地下水，表明中等降雨条件下柠条锦鸡儿水分利用特征并有发生变化，以利用较深层的土壤水分和地下水为主；北沙柳样地雨后第 1 天植物水中 δD 值与地下水样 δD 值和 20 ~ 40 厘米、120 厘米土层土壤水 δD 值有交点，雨后第 8 天植物水中 δD 值与地下水样 δD 值和 80 ~ 140 厘米层土壤水 δD 值有交点，说明北沙柳在雨后第 1 天主要利用 100 ~ 120 厘米

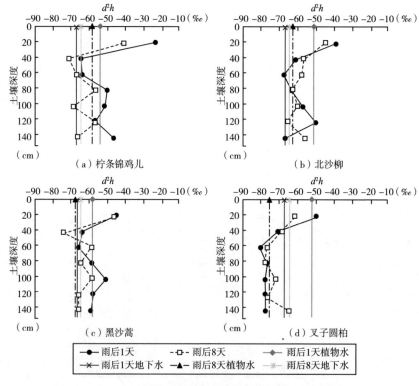

图 5 – 18　中等降雨条件下不同类型固沙植物水分
利用来源对中等降雨事件的响应（9 月）

土层土壤水和地下水，雨后第 8 天主要利用 80～140 厘米土层土壤水，说明在中等降雨条件下深根系北沙柳有表现出利用浅层土壤水分的策略；黑沙蒿样地雨后第 1 天植物水中 δD 值与 20～40 厘米、80 厘米和 120～140 厘米土层土壤水 δD 值有交点，雨后第 8 天植物水中 δD 值与地下水样 δD 值和 20～60 厘米土层土壤水 δD 值有交点，判定黑沙蒿雨后第 1 天主要利用 20～40 厘米、80 厘米和 120～140 厘米土层土壤水，雨后第 8 天主要利用 20～60 厘米土层土壤水和地下水，表明中等降雨条件下黑沙蒿水分利用特征有发生变化，从利用浅层和深层的土壤水分转变为中深层和地下水为主；叉子圆柏样地雨后第 1 天植物水中 δD 值与 20～40 厘米土层土壤水 δD 值交叉，雨后第 8 天植物水中 δD 值与地下水样 δD 值和 60 厘米、80～140 厘米土层土壤水 δD 值交叉，判定叉子圆柏在雨后第 1 天主要利用 20～40 厘米土层土壤水，雨后第 8 天主要利用 60 厘米、80～140 厘米土层土壤水和地下水，表明中等降雨条件下叉子圆柏水分利用特征有发生变化，从利用浅层土壤水分转变为中深层和地下水为主。

③水分利用来源对较大降雨变化的响应。

不同类型固沙植物水分利用来源对较大降雨事件的响应结果如图 5－19 所示。在较大降雨条件下，柠条锦鸡儿样地降雨后第 1 天植物水中 δD 值与地下水 δD 值和 60 厘米、80～120 厘米土层土壤水有交点，雨后第 8 天植物水中 δD 值与地下水 δD 值和 100 厘米、140 厘米土层土壤水 δD 值有交点，可以判定柠条锦鸡儿在雨后第 1 天主要利用 60 厘米、80～120 厘米土层土壤水和地下水，而雨后第 8 天主要利用 100 厘米、140 厘米土层土壤水和地下水，表明较大降雨条件下柠条锦鸡儿水分利用特征有发生明显的变化，从利用中深层的土壤水分和地下水转变为利用深层土壤水分和地下水；北沙柳样地雨后第 1 天植物水中 δD 值与地下水样 δD 值和 40～60 厘米、100 厘米土层土壤水 δD 值有交点，雨后第 8 天植物水中 δD 值与地下水样 δD 值和 40～120 厘米土层土壤水 δD 值有交点，说明北沙柳在雨后第 1 天主要利用 100～120 厘米土层土壤水和地下水，雨后第 8 天主要利用 40～120 厘米土层土壤水和地下水，说明在较大降雨条件下深根系北沙柳水分利用特征并没有发生明显的变化，仍然以中深层土壤水分和地下水为主；黑沙蒿样地雨后第 1 天植物水中 δD 值与地下水样 δD 值和 40～80 厘米土层土壤水 δD 值有交点，雨后第 8 天植物水

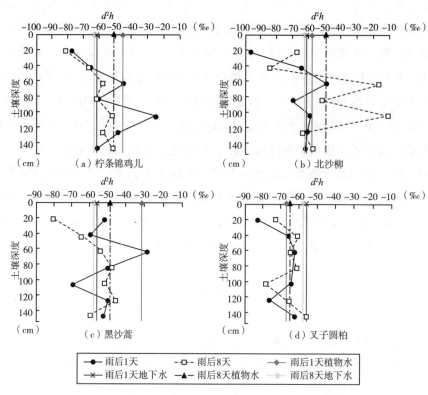

图 5-19 较大降雨条件下不同类型固沙植物水分利用
来源对较大降雨事件的响应（8 月）

中 δD 值与 80~140 厘米土层土壤水 δD 值有交点，判定黑沙蒿雨后第 1 天主要利用 40~80 厘米土层土壤水和地下水，雨后第 8 天主要利用 80~140 厘米土层土壤水和地下水，说明在较大降雨条件下，黑沙蒿水分利用特征发生了变化，由利用中层土壤水转变为深层土壤水分；叉子圆柏样地雨后第 1 天植物水中 δD 值与 20~40 厘米、100~140 厘米土层土壤水 δD 值交叉，雨后第 8 天植物水中 δD 值与地下水样 δD 值和 20~60 厘米、80~120 厘米层土壤水 δD 值交叉，判定叉子圆柏在雨后第 1 天主要利用 20~40 厘米、100~140 厘米土层土壤水，雨后第 8 天主要利用 20~40 厘米、100~140 厘米土层土壤水和地下水，表明叉子圆柏水分利用特征发生了变化，雨后第 1 天没有利用地下水，但雨后第 8 天利用了地下水。

（5）植物水分利用比例对降水变化的响应。

①植物水分利用比例对小降雨事件的响应。在小降雨条件下，不同类型固沙植物水分利用比例的变化如图5-20所示。固沙植物柠条锦鸡儿在降雨后第1天主要利用100~120厘米土层土壤水，其贡献率为17%，而在降雨后第5天，柠条锦鸡儿主要利用地下水，利用比例为29%，其次为60~80厘米土层土壤水，其比例为21%；固沙植物黑沙蒿在降雨后第1天主要利用60~80厘米土壤水，其贡献率为21%，而在降雨后第5天主要利用0~20厘米的浅层土壤水，其贡献率为97%；固沙植物北沙柳在雨后第1天主要利用100~140厘米土层土壤水，其贡献率为60%，而在降雨后第5天，它主要利用100~140厘米土层土壤水和地下水，累计贡献量为62%；固沙植物叉子圆柏在雨后第1天主要利用0~20厘米土层土壤水，其贡献率为33%，而雨后第5天主要利用0~20厘米土层土壤水，贡献率上升至53%。

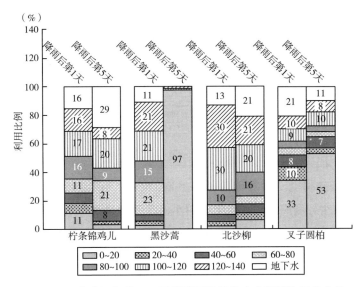

图5-20　小降雨条件下不同类型固沙植物水分利用比例的变化

②植物水分利用比例对中等降雨事件的响应。在中等降雨条件下，不同类型固沙植物水分利用比例的变化如图5-21所示。固沙植物柠条锦鸡儿在降雨后第1天主要利用100~120厘米土层土壤水，其贡献率为17%。而在降雨后第8天，柠条锦鸡儿主要利用60~80厘米和100~120厘米土层土壤水，累计贡献量为36%；固沙植物黑沙蒿在降雨后第1天主要利用60~80厘米和

100~120 厘米土层土壤水，其贡献率为 34%，而在降雨后第 8 天主要利用
20~40 厘米的浅层土壤水，其贡献比例为 44%；固沙植物北沙柳在雨后第 1
天主要利用 0~20 厘米土层土壤水，其贡献率为 38%，而在降雨后第 8 天，
它主要利用 100~120 厘米土层土壤水，其贡献率为 27%；固沙植物叉子圆
柏在雨后第 1 天主要利用 0~20 厘米土层土壤水，其贡献率为 91%，而雨后
第 8 天主要利用 100~120 厘米土层土壤水，其贡献率为 38%。

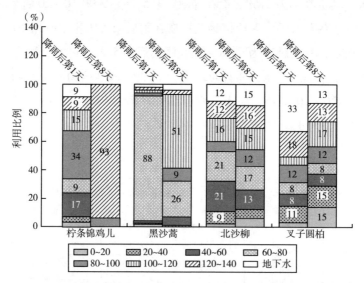

图 5-21　中等降雨条件下不同类型固沙植物水分利用比例的变化

③植物水分利用比例对较大降雨事件的响应。在较大降雨条件下，不同
类型固沙植物水分利用比例的变化如图 5-22 所示。固沙植物柠条锦鸡儿在降
雨后第 1 天主要利用 80~100 厘米土层土壤水，其贡献率为 34%。而在降雨后
第 8 天，柠条锦鸡儿主要利用 120~140 厘米土层土壤水，利用比例为 93%；固
沙植物黑沙蒿在降雨后第 1 天主要利用 60~80 厘米土层土壤水，其贡献率为
88%，而在降雨后第 8 天主要利用 100~120 厘米土层土壤水，其贡献率为
51%；固沙植物北沙柳在雨后第 1 天主要利用 40~80 厘米土层土壤水，累计贡
献量为 42%，而在降雨后第 8 天，它主要利用 60~80 厘米土层土壤水，其贡献
率为 17%；固沙植物叉子圆柏在雨后第 1 天主要利用地下水，其贡献率为
33%，而雨后第 8 天主要利用 100~120 厘米土层土壤水，其贡献率为 17%。

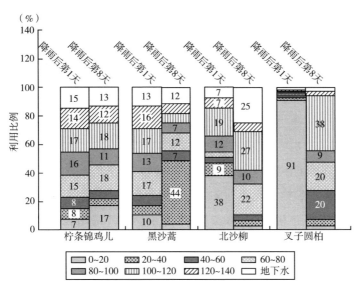

图5-22　较大降雨条件下不同类型固沙植物水分利用比例的变化

（6）植物平均吸水深度对降水变化的响应。

不同类型固沙植物平均吸水深度对降水变化的响应结果如表5-7所示。①在小降雨条件下，固沙植物柠条锦鸡儿平均吸水深度由雨后第1天的15厘米变为雨后第5天的83厘米；固沙植物北沙柳平均吸水深度由雨后第1天的22厘米变为雨后第5天的103厘米；固沙植物黑沙蒿平均吸水深度由雨后第1天的6厘米变为雨后第5天的8厘米；固沙植物叉子圆柏平均吸水深度由雨后第1天的19厘米变为雨后第5天的24厘米。

表5-7　　　　　4种固沙植物在湿润和干旱条件下利用土壤水深度

降雨（毫米）	植物	平均吸水深度（厘米）	
		湿润	干旱
4.8	柠条锦鸡儿	15	83
	北沙柳	22	103
	黑沙蒿	6	8
	叉子圆柏	19	24
14.6	柠条锦鸡儿	89	119
	北沙柳	49	88
	黑沙蒿	—	10
	叉子圆柏	11	23

续表

降雨（毫米）	植物	平均吸水深度（厘米）	
		湿润	干旱
22.6	柠条锦鸡儿	109	131
	北沙柳	30	111
	黑沙蒿	8	11
	叉子圆柏	18	15

②在中等降雨条件下，固沙植物柠条锦鸡儿平均吸水深度由雨后第1天的89厘米变为雨后第8天的119厘米；固沙植物北沙柳平均吸水深度由雨后第1天的49厘米变为雨后第8天的88厘米；固沙植物黑沙蒿和叉子圆柏平均吸水深度无明显变化。

③在较大降雨条件下，固沙植物柠条锦鸡儿平均吸水深度由雨后第1天的109厘米变为雨后第8天的131厘米；固沙植物北沙柳平均吸水深度由雨后第1天的30厘米变为雨后第8天的111厘米；固沙植物黑沙蒿和叉子圆柏平均吸水深度无明显变化。

5.5 讨 论

5.5.1 生长季不同月份植物水分利用策略

土壤水分是连接植被过程与水文过程的中心环节，是限制荒漠植被生长的主要因子，其动态变化驱使着荒漠植被的演替过程。在地下水无法直接利用又无灌溉条件的干旱沙区，降水是土壤水分最主要的补给来源。在降雨稀少、土壤含水量较低的6月，表层土壤水分没能得到降雨的有效补给，或者补给量非常有限，加上植物生长季早期阶段，植物需水量高、蒸发作用强烈，使得地面蒸散发量显著增加，导致表层（0~40厘米）土壤水分含量显著低于深层土壤水分（见图5-2）。此时，深根系固沙植物柠条锦鸡儿和北沙柳则以利用深层（100~140厘米）土壤水分为主，甚至直接利用地下水，两者对深层土壤水分的直接利用比例高达60%以上，说明在土壤水分状况恶化的干旱季节，柠条锦鸡儿和北沙柳等深根系固沙植物通过增加对深层土壤水分利用比例来应对干旱环境。与柠条锦鸡儿和北沙柳相比，黑沙蒿的根系主要集中在表层 0～40 厘米的范围内，且其土壤水分含量也较低，但其水分利用特征仍然以利用表层 0～20 厘米的土壤水分为主，其对表层土壤水分的利用比例高达 97%，说明固沙植物黑沙蒿具有很强的抗干旱能力。受植物地上部分遮阴等作用的影响，加之叉子圆柏自身水分利用效率的影响，叉子圆柏样地土壤水分含量普遍高于其他样地〔见图 5-2（a）和（b）〕，尤其是表层土壤水分含量明显高于其他样地，叉子圆柏主要利用 0～20 厘米表层土壤水分为主，但仍然也有相当比例（近 30%）的水分来自深层（80～140 厘米）土壤水和地下水，说明固沙植物叉子圆柏既能利用浅层（0～40 厘米）土壤水分，也能利用深层（80～140 厘米）土壤水分，表现出很强的适应干旱环境的能力。

在雨水相对充沛，土壤水分状况良好的 8 月，表层和中层土壤水分得到了降雨的充分补给，导致表层（0～40 厘米）和中层（40～80 厘米）土壤水分含量高于深层土壤水分。此时，固沙植物黑沙蒿和叉子圆柏则会增加对中深层土壤水分的利用，两者对中深层土壤水分的利用比例达到了 80% 以上，说明在降雨充沛的季节，黑沙蒿和叉子圆柏会增加利用较深土层的水分比例，这与傅旭等（2020）研究结果一致。与黑沙蒿和叉子圆柏相比，固沙植物柠条锦鸡儿和北沙柳样地浅层土壤水分得到降雨的有效补给，但柠条锦鸡儿和北沙柳依然利用深层土壤水分来调整自身用水策略。

5.5.2　固沙植物水分利用策略对降水变化的响应

在水分极度匮乏的干旱沙区，土壤水分是限制植物生长和发育的关键限制因子。在地下水无法直接利用的前提下，降水可能是沙区植被维持其生命活性的主要水分来源。不同类型的固沙植物通过改变降雨前后自身的水分利用策略来获取水分条件，以提升适应干旱环境的能力。（1）在较小的降雨条件下，表层土壤含水量低，表层土壤中的根在干旱条件下可能处于不活动状态（杨俊平等，2006），深根系固沙植物柠条锦鸡儿和北沙柳主要利用深层（80～140 厘米）土壤水分和地下水，其累计利用比例分别是 46% 以上和

77

60%以上，但小降雨对固沙植物黑沙蒿和叉子圆柏土壤含分水有补给作用，降雨发生后，固沙植物黑沙蒿水分利用特征由60～80厘米土层转为了0～20厘米土层，其贡献比例为97%；叉子圆柏依然利用0～20厘米的浅层土壤水分。说明固沙植物柠条锦鸡儿、北沙柳和叉子圆柏水分利用特征对小降雨事件不太敏感。

（2）在中等降雨条件下，4个样地的浅层土壤水分都有了显著的增加，浅中层土壤水分均大于深层土壤水分，固沙植物柠条锦鸡儿由原来主要利用深层土壤水分增加了对中层土壤水分的利用，其累计贡献率为36%；固沙植物北沙柳增加了对浅层土壤水分的利用，其利用比例为38%；固沙植物黑沙蒿水分利用特征依然是60～80厘米土层转为了20～40厘米土层，其贡献比例为44%；固沙植物叉子圆柏水分利用特征由0～20厘米土层转为了100～120厘米土层，其贡献比例为38%。

（3）在较大降雨条件下，降雨对4个样地的浅中层土壤水分有较大的补给作用，浅中层土壤水分均大于深层土壤水分。固沙植物柠条锦鸡儿水分利用深层土壤水分，其利用比例为93%；固沙植物北沙柳则利用中层土壤水分，其利用比例为42%；固沙植物黑沙蒿增加了对深层土壤水的利用，其利用比例为51%；固沙植物叉子圆柏则增加了对地下水和深层土壤水分的利用，其利用比例为33%。说明除柠条锦鸡儿外，其余3种固沙植物对较大降雨事件响应敏感。

5.5.3 植物水分利用特征的差异对固沙植物优化配置的建议

6～7月，固沙植物柠条锦鸡儿和北沙柳主要利用60厘米以下的土壤水，平均吸水深度分别为83厘米、72厘米、135厘米和71厘米、103厘米、123厘米；固沙植物黑沙蒿和叉子圆柏则主要利用0～40厘米土层土壤水，平均吸水深度分别为8厘米、38厘米和24厘米、15厘米。8～9月，黑沙蒿和叉子圆柏主要利用0～40厘米土层土壤水，平均吸水深度分别为10厘米、11厘米和23厘米、15厘米；固沙植物柠条锦鸡儿和北沙柳主要利用80～140厘米深层土壤水，平均吸水深度分别为119厘米、131厘米和88厘米、111厘米。

在小降雨事件下，不同类型固沙植物水分利用深度并没有发生明显的变化，说明小降雨对固沙植物水分利用策略的影响较小。在中等降雨条件下，固沙植物柠条锦鸡儿既利用中层土壤水分也利用深层土壤水分；固沙植物北沙柳水分利用特征由浅层土壤水分转变为深层土壤水分；固沙植物黑沙蒿水分利用由深变浅；固沙植物叉子圆柏水分利用深度由浅变深。在较大降雨条件下，柠条锦鸡儿和北沙柳仍然以利用深层土壤水分为主；而黑沙蒿和叉子圆柏水分利用深度变浅。综上所述，固沙植物柠条锦鸡儿与北沙柳，或者黑沙蒿与叉子圆柏的组合会加大人工固沙植被之间的水分竞争从而导致固沙植被的不稳定，而两者与柠条锦鸡儿和北沙柳的组合能够在一定程度上避免人工固沙植被之间的水分竞争，使得各层土壤水分都得到较为有效的利用，从而一定程度上提高防风固沙植被体系的稳定性。

5.6　本 章 小 结

通过对库布齐沙漠东缘不同类型典型固沙植物柠条锦鸡儿、北沙柳、黑沙蒿和叉子圆柏生长季不同月份（6~9 月）水分利用特征及其对降雨变化的响应研究，主要得出以下几个方面的结论：

（1）不同类型固沙植被恢复区土壤水分时空分布有差异。在生长季早期阶段（6 月），不同类型固沙植被恢复区土壤水分含量整体上表现出叉子圆柏样地最高，黑沙蒿样地次之，北沙柳和柠条锦鸡儿样地相当，整体呈现出深层（100~140 厘米）土壤水分含量高于浅层（0~40 厘米）土壤水分含量的特点。随着降水的增多，不同类型固沙植被恢复区土壤水分含量增加，北沙柳样地土壤含水量表现为最高，柠条锦鸡儿和叉子圆柏样地次之，黑沙蒿样地呈最低，各样地浅中层（0~40 厘米，40~80 厘米）土壤含水量表现出高于深层土壤含水量的特点。不同量级降雨对土壤水分含量的补给作用有差异。小降雨（4.8 毫米）事件对北沙柳和柠条锦鸡儿样地土壤水分含量的补给作用不明显，而对黑沙蒿和叉子圆柏样地的补给作用较明显，但局限在 0~40 厘米表层土壤范围内。随着降雨量的增加，降水对土壤水分的补给作用增强，但对深层（100~140 厘米）土壤水分的补给作用仍然有限。

（2）6~9 月，不同类型固沙植被恢复区土壤水氢同位素值差异较大，叉子圆柏样地土壤水氢同位素值低于其他样地,且各样地土壤水氢同位素值随土层的增加趋于稳定。不同类型固沙植被恢复区土壤水氢同位素值对降水变化的响应程度具有较大差异,可能是受不同降雨强度和土壤水分蒸发速率的影响。6~9月,同种固沙植物不同月份植物木质部氢同位素值差异明显,其中黑沙蒿氢同位素值差异最大;其次为叉子圆柏;柠条锦鸡儿氢同位素含量的差异最小。不同类型固沙植物水氢同位素值对降水变化的响应有差异,其中黑沙蒿木质部氢同位素值对小降水事件的响应最明显;叉子圆柏木质部氢同位素值对大降雨事件的响应最明显。

（3）不同类型固沙植物水分利用深度基于土壤水分状况。在土壤水分含量较低的6月,柠条锦鸡儿和北沙柳主要利用60厘米以下的土壤水,甚至利用地下水;叉子圆柏则深、浅层土壤水分均有利用;而黑沙蒿则主要利用0~40厘米土层土壤水。8~9月,虽然不同类型固沙植被恢复区土壤水分含量有所改善,但柠条锦鸡儿和北沙柳仍以利用深层土壤水分为主;黑沙蒿则主要利用0~60厘米土层土壤水分;叉子圆柏的水分利用来源相对均衡。在小降雨事件（4.8毫米）下,不同类型固沙植物水分利用深度并没有发生明显的变化,说明小降雨对固沙植物水分利用策略的影响较小。在较大降雨（22.6毫米）条件下,柠条锦鸡儿和北沙柳仍然以利用深层土壤水分为主;而黑沙蒿和叉子圆柏水分利用深度变浅。

（4）6~9月,不同类型固沙植物水分利用来源比例具有明显的差异。在土壤水分含量较低时,黑沙蒿对0~40厘米土层土壤水分的利用比例高达97%;叉子圆柏对0~20厘米土层土壤水分的利用比例高达53%;而柠条锦鸡儿和北沙柳对80~140厘米土层土壤水和地下水的利用比例高达60%左右。在较小的降雨条件下,固沙植物叉子圆柏表现出较为灵活的水分利用方式,即通过增加对表层土壤水分利用来源比例来获取水分,以适应干旱环境。随着降雨量的增加,柠条锦鸡儿和北沙柳也加大了对浅层和中层土壤水分的利用比例,并逐渐加大对深层（100~140厘米）土壤水分和地下水的利用比例,以适应干旱环境。

（5）不同类型固沙植被平均吸水深度表现出较明显的差异。在土壤水分含量较低时（如6月）,北沙柳和柠条锦鸡儿主要吸水深度为80~140厘米,而黑沙蒿和叉子圆柏主要吸水深度为0~40厘米;随着土壤水分含量的改善

（如 9 月份），固沙植物黑沙蒿和叉子圆柏吸水深度均为 0～40 厘米，而柠条锦鸡儿和北沙柳吸水深度仍为 100～120 厘米，表明柠条锦鸡儿和北沙柳主要以利用深层土壤水分为主，而黑沙蒿和叉子圆柏以利用浅层（0～40 厘米）土壤水分为主。不同类型固沙植物平均吸水深度对不同量级降水变化的响应程度不同，整体上对小降雨事件的响应程度有限；而对较大降雨事件的响应程度较明显。基于以上结果，柠条锦鸡儿和北沙柳主要利用 40～80 厘米和 80～140 厘米土层土壤水分；北沙柳对地下水的利用比例较大；而黑沙蒿和叉子圆柏主要利用 0～40 厘米土层土壤水分。因此，固沙植物黑沙蒿和叉子圆柏的组合会加大人工固沙植被之间的水分竞争，而两者与柠条锦鸡儿和北沙柳的组合一定程度上避免人工固沙植被之间的水分竞争。除此之外，由于北沙柳对地下水的利用比例较大，所以大面积种植北沙柳可能会造成地下水位的下降。

第 6 章

毛乌素沙地南缘 4 种固沙灌木水分利用特征

6.1 引　言

　　土壤水分是综合反映气候、土壤、水文、植被相互作用的关键变量（刘鹄等，2007），也是植物生长的主要限制性因子（何其华等，2003），对植物的生理生态、生长、分布及数量有显著影响（柳佳等，2019），这种影响在干旱及半干旱地区变得尤为明显。目前水资源危机逐渐加大，干旱半干旱地区面临日益严重的环境问题，对生物多样性和植被分布产生了巨大影响。

　　我国干旱半干旱区位于 $36°44' \sim 49°57'$N、$73°26' \sim 123°55'$E（西北师范学院地理系，1984），覆盖面积约 297.6 万平方公里。有研究表明，由于人类活动等原因，推测到 2030 年我国干旱地区总面积可达 377.7 万平方公里，占国土总面积的 39.23%（慈龙骏，2001）。土地沙漠化是我国干旱半干旱地区面临的主要生态问题，因此修复沙漠化土地、植被恢复与防治植被退化是西北建设过程中的主要任务。由于干旱、多风和易于流动的沙土，沙化土地的自然恢复和演替比较慢（杨洪晓等，2008），为加快沙地生态系统的发展和演替速度，毛乌素沙地和沙坡头等西北沙地常以油蒿（*Amorpha fruticosa*）等沙生灌木固定流沙，启动和促进沙地植被的恢复进程（彭少麟，2000），常采用飞播或移栽等措施。

　　毛乌素沙地是我国四大沙地之一，位于陕西省榆林市与内蒙古鄂尔多斯

市之间，包括鄂尔多斯南部、榆林北部及宁夏回族自治区东北部，面积约
4.22万平方公里，生态环境脆弱，是生态灾害易发地区，同时也是我国植被
固沙的典型区域（张新时，1994）。水分制约是沙地恢复的关键问题，正确
处理防风固沙植被体系与区域水分条件之间的关系是建立持续稳定的防风固
沙植被体系的关键。摸清防风固沙植被体系土壤水分动态及其收支平衡及水
分利用策略，通过对防风固沙植被体系进行选择和优化，从而提升防风固沙
植被体系的稳定性无疑对沙区植被建设具有重要的实践指导意义。

6.2 研究区与方法

6.2.1 研究区概况

（1）地理位置与地质地貌。研究区位于陕西省榆林市靖边县海则滩乡
（108°50′54″～108°58′00″E，37°38′42″～37°42′42″N），气候上处于干旱、半
干旱区向半湿润区的过渡地带；植被处于典型草原向西部荒漠、荒漠草原和
向东部森林草原的过渡地带；土壤处于棕钙土向栗钙土、黑钙土的过渡地带；
地质地貌上是戈壁、沙区向黄土区的过渡地带。植被和土壤具有过渡性。地
势西北高，东南低，沙地内流动沙丘、半固定沙丘和固定沙丘相间。

（2）气候特征。研究区为典型的半干旱大陆性季风气候。多年平均降水
量390毫米左右，集中在夏、秋两季，目前年降水量200～740毫米；多年平
均蒸发量为2480毫米左右，是多年平均降水量的6倍多。

（3）植被特征。研究区属暖温性草原带，主要天然植物有沙米（*Agriophy-
lium squarrosum*）、软毛虫实（*Corispermum puberulum*）、沙竹（*Psammochloa vil-
losa*）等。随着防沙治沙和生态修复工程的实施，沙丘表面种植了大面积的人
工植被，主要有小叶杨（*Populus simonii*）、羊柴、沙地柏、紫穗槐、油蒿和沙
柳（*Salix psammophila*）等，伴生植物主要有碱蒿（*Artemisia anethifolia*）、紫菀
（*Aster tataricus*）、花棒（*Hedysarum scoparium*）等（见表6-1）。

表6-1 不同类型人工固沙植被区基本特征

物种	种植年份	植被盖度（%）	行距×株距（m）	植物高度（m）	其他植物
羊柴	2007	42.9 ± 2.1a	2 × 1	0.6 ~ 0.8	紫菀、碱蒿、草木樨状黄芪
紫穗槐	2007	26.5 ± 1.5c	4 × 2	0.8 ~ 1.2	紫菀、碱蒿
沙地柏	2007	36.8 ± 1.8b	3 × 2	0.5 ~ 0.8	无
油蒿	2007	45 ± 2.1a	2 × 1	0.6 ~ 0.9	紫菀、花棒

注：表中植被盖度数字为平均值 ± 标准差（$n = 12$）。

6.2.2 研究方法

（1）土壤样品采集。在研究区不同类型固沙植被恢复区分别选择长势良好具有代表性的羊柴、紫穗槐、油蒿和沙地柏植物体各3株。一组分别于生长季初期（5月初，发芽）、生长旺盛期（8月中，茂盛）、生长季末期（9月末，落叶）取样，取样前7天内无降雨；另一组等待降水，于降水前取样一次，降水后第1天、第3天、第5天、第7天各取样一次。参照斯奈德等（Snyder et al.，2000）的方法，依据四种样品植物地下根系分布特征，在植物根际与冠缘连线的1/2处用（直径为5厘米）土钻钻取不同深度（0 ~ 20厘米、20 ~ 40厘米、40 ~ 60厘米、60 ~ 80厘米、80 ~ 100厘米、100 ~ 120厘米、120 ~ 140厘米）的土壤样品，迅速把土样分两组装好，一组装入10毫升的样品瓶中，用Parafilm封口膜将其密封，放入低温箱带回实验室 -4℃冷冻保存，用于氢同位素的测定；另一组装入铝盒中，使用烘干法105℃烘干12小时测定土壤重量含水量，计算方法为：

$$土壤含水率（\%） = \frac{土壤湿重 - 土壤干重}{土壤干重} \qquad (6-1)$$

（2）植物样品采集。在所选四种固沙植物生长状况相近且同一朝向的大枝条上选取粗细相近的小枝条，用枝剪截取4 ~ 5段长约3厘米的枝条，去除韧皮部后迅速放入10毫升样品瓶中，拧紧瓶盖并封膜，置于 -4℃环境内等待测量。图6-1所示为植物样地。

（3）水样及气象数据采集。实验期间每半个月采集一次地下水，并收集

（a）羊柴　　　　　　　　　　　（b）紫穗槐

（c）沙地柏　　　　　　　　　　（d）油蒿

图6-1　不同类型人工固沙植被

生长季内所有大于2毫米的降水，装瓶后封膜，-4℃冷冻保存。所选样地地下水多在6~8米以下，因此在分析中地下水表示深层土壤水及地下水。降水采集装置为：将短柄漏斗置于烧杯上使烧杯边缘与漏斗贴合，在漏斗内放置一乒乓球防止降水蒸发。

　　实验地附近自动气象站连续记录空气温度、相对湿度、太阳辐射和降雨量等相关数据，本书主要用于记录降雨发生时间及降水量，保证实验的进行不受前期降雨的影响。

　　（4）分析方法。将样品送至西安理工大学省部共建西北旱区生态水利国家重点实验室进行检测。实验所用仪器为全自动真空冷凝抽提系统和LGR液态水同位素分析仪。检测结果使用多元混合模型IsoSource软件进行分析，来源增量为1%，不确定水平为0.01%。受软件水分来源数量影响，在计算时将土层100~120厘米与120~140厘米合并为100~140厘米。采用Origin 8.0软件进行制图，用SPSS18.0软件进行数据处理分析，进行单因素方差分析（One-Way ANOVA），多重比较采用新复极差法（Duncan法），显著性水平设定为0.05。

6.3 结 果

6.3.1 生长季不同时期植物水分来源研究

水、光照及氮素都是影响植物生长的重要因素，三者中水是直接参与并影响植物生长发育整个阶段的最重要因子，土壤水分含量的多少直接影响植物生长过程及对土壤养分的吸收利用。因此植物对于土壤水分及各潜在水分来源的利用策略变得尤为重要，植物根据生长季不同时期的水分变化调节自身的水分利用比例，从而以一个最优组合进行水分利用，该水分利用策略能减缓与其他物种的水分竞争，提高物种的共生能力，这种情况在干旱半干旱地区的植物中尤为明显。

（1）样地降水线与全球降水线关系。根据实验期间采集的降水及地下水水样的 δD、$\delta^{18}O$ 值，绘制毛乌素南缘地区的大气降水线（LMWL）。在实验期间收集到的雨水 δD、$\delta^{18}O$ 值的范围分别为 $-5.69‰ \sim -134.57‰$、$-2.2‰ \sim -17.07‰$；地下水 δD、$\delta^{18}O$ 值的范围分别为 $-54.04‰ \sim -64.93‰$、$-5.4‰ \sim -7.86‰$。对 δD、$\delta^{18}O$ 的值进行分析得到该区域大气降水线方程（LMWL），为 $\delta D = 7.72\delta^{18}O + 1.20$（$n = 27$，$R^2 = 0.943$），与全球大气降水线（GMWL）$\delta D = 8.17\delta^{18}O + 10.35$，及中国大气降水线方程 $\delta D = 7.9\delta^{18}O + 8.2$ 相比，其斜率、截距均较小，且降水同位素值大部分位于全球大气降水线右下方（见图 6-2），表明实验样地气候干燥，海洋水汽并非唯一水分来源，降水受到大陆性气团影响，且区域降水过程中稳定同位素值受到了二次蒸发的影响。

（2）生长季不同时期植物土壤含水量分析。固沙植物生长季不同时期土壤含水量及差异见表 6-2。固沙植物生长季不同阶段土壤含水量有显著差异，四种植物生长旺季土壤含水量均显著高于生长季初期与生长季末期；沙地柏与油蒿生长季初期与生长季末期无显著差异；羊柴与紫穗槐生长季初期土壤含水量显著高于生长季末期。

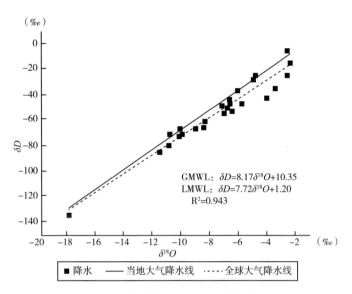

图6-2 实验地降水 δD 和 $\delta^{18}O$ 关系

表6-2 固沙植物生长季不同时期土壤含水量差异

物种	时期	0~20cm	20~40cm	40~60cm	60~80cm	80~100cm	100~140cm
沙地柏	生长季初期	0.91±0.15b	1.57±0.07b	1.31±0.18b	1.69±0.19b	2.24±0.18b	1.80±0.08b
	生长旺季	1.97±0.27a	2.74±0.12a	3.22±0.13a	3.68±0.03a	3.63±0.72a	3.26±1.10a
	生长季末期	1.95±0.45b	1.73±0.32b	1.54±0.13b	1.97±0.40b	1.98±0.69b	1.94±0.69b
油蒿	生长季初期	1.02±0.08a	2.46±0.19a	3.43±0.10a	4.02±0.29a	2.41±0.08a	2.62±0.07a
	生长旺季	1.21±0.42a	2.63±0.29a	3.18±0.24a	3.93±0.23a	4.17±0.01a	3.24±0.31a
	生长季末期	2.23±0.26b	2.47±0.92b	2.11±1.27b	1.90±0.87b	1.67±0.67b	2.09±0.32b
羊柴	生长季初期	0.83±0.11a	1.95±0.07a	2.27±0.05a	3.19±0.15a	3.39±0.03a	2.55±0.10a
	生长旺季	1.60±0.27a	2.25±0.15a	2.55±0.07a	2.75±0.54a	2.73±0.29a	2.99±1.31a
	生长季末期	1.63±0.11b	1.85±0.70b	1.23±0.51b	1.12±0.84b	1.04±0.62b	1.48±0.65b
紫穗槐	生长季初期	0.95±0.62b	2.04±0.11b	2.41±0.18b	2.10±1.05b	3.04±0.12b	2.85±0.19b
	生长旺季	1.20±0.11a	2.26±0.21a	2.72±0.57a	2.97±0.29a	3.72±0.65a	3.13±0.08a
	生长季末期	1.06±0.26c	1.16±0.58c	1.19±0.14c	1.51±0.86c	1.62±0.67c	1.96±0.78c

不同植物土壤含水量随土壤深度变化而变化。沙地柏生长季初期与生长旺盛季土壤含水量随深度呈先增加后减少趋势，最大值分别为80~100厘米处2.24%、60~80厘米处3.68%；生长季末期土壤含水量随深度增加呈降低

后增加趋势，80~100厘米处1.98%为含水量最大值。油蒿生长季土壤含水量均随土壤深度的增加呈先增加后减少趋势，三个生长阶段土壤含水量最大值位于60~80厘米、80~100厘米及20~40厘米，含水量分别为4.02%、4.17%及2.47%。羊柴生长旺季土壤含水量随土壤深度加深增加，100~140厘米处含土壤水2.99%；生长季初期、末期土壤含水量随深度先增加后降低，生长季初期80~100厘米处土壤含水量3.39%最高，生长季末期浅层20~40厘米土壤含水量最高，为1.85%。紫穗槐生长初期及生长旺季均80~100厘米处土壤含水量最大，分别为3.04%、3.72%；生长季末期最大含水量下移，100~140厘米处土壤含水量为1.96%，为最大值。

同一生长阶段内不同固沙植物土壤含水量差异见表6-3。同一生长阶段内不同植物土壤含水量有显著差异，生长季初期土壤含水量油蒿显著高于其他三种植物；羊柴与沙地柏之间差异显著，较紫穗槐、油蒿无明显差异，沙地柏样地土壤含水量最低。生长旺季与生长季末期沙地柏与油蒿土壤含水量显著低于羊柴与紫穗槐。综合生长季不同阶段土壤含水量，油蒿土壤含水量显著较高。

表6-3　　　　　　　　同一生长阶段固沙植物土壤含水量差异

时期	物种	0~20cm	20~40cm	40~60cm	60~80cm	80~100cm	100~140cm
生长季初期	沙地柏	0.91±0.15c	1.57±0.07c	1.31±0.18c	1.69±0.19c	2.24±0.18c	1.80±0.08c
	油蒿	1.02±0.08a	2.46±0.19a	3.43±0.10a	4.02±0.29a	2.41±0.08a	2.62±0.07a
	羊柴	0.83±0.11ab	1.95±0.07ab	2.27±0.05ab	3.19±0.15ab	3.39±0.03ab	2.55±0.10ab
	紫穗槐	0.95±0.62b	2.04±0.11b	2.41±0.18b	2.10±1.05b	3.04±0.12b	2.85±0.19b
生长旺季	沙地柏	1.97±0.27a	2.74±0.12a	3.22±0.13a	3.68±0.03a	3.63±0.72a	3.26±1.10a
	油蒿	1.21±0.42a	2.63±0.29a	3.18±0.24a	3.93±0.23a	4.17±0.01a	3.24±0.31a
	羊柴	1.60±0.27b	2.25±0.15b	2.55±0.07b	2.75±0.54b	2.73±0.29b	2.99±1.31b
	紫穗槐	1.20±0.11b	2.26±0.21b	2.72±0.57b	2.97±0.29b	3.72±0.65b	3.13±0.08b
生长季末期	沙地柏	1.95±0.45a	1.73±0.32a	1.54±0.13a	1.97±0.40a	1.98±0.69a	1.94±0.69a
	油蒿	2.23±0.26a	2.47±0.92a	2.11±1.27a	1.90±0.87a	1.67±0.67a	2.09±0.32a
	羊柴	1.63±0.11b	1.85±0.70b	1.23±0.51b	1.12±0.84b	1.04±0.62b	1.48±0.65b
	紫穗槐	1.06±0.26b	1.16±0.58b	1.19±0.14b	1.51±0.86b	1.62±0.67b	1.96±0.78b

（3）生长季不同时期土壤水同位素值分析。因同位素非常敏感，易发生分馏，因此所测三个样本的植物土壤水同位素δD值差异较大。为防止误差过

大，所以只选择一个样本的值进行分析。生长季不同类型固沙植被恢复区土壤水中 δD 值的差异如图6-3所示。从图中可以看出，受土壤蒸发影响，表层土壤水因富集作用 δD 值偏大。生长季初期土壤水 δD 值波动较大；生长旺季与生长季末期 δD 值随深度增加逐渐减小。

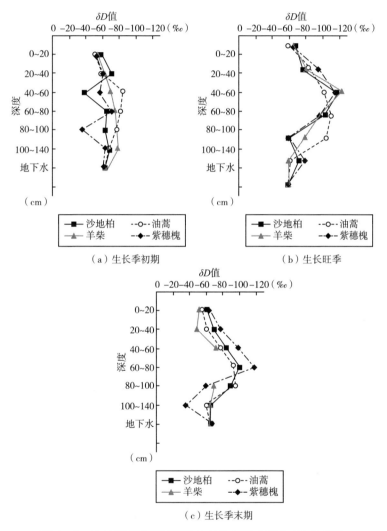

（a）生长季初期　（b）生长旺季

（c）生长季末期

图6-3　生长季不同类型固沙植被恢复区土壤水 δD 值变化

（4）生长季不同时期植物茎水同位素值分析。生长季不同类型固沙植物茎部同位素 δD 的差异见表6-4。植物茎水同位素主要受降水和土壤水影响，降水和土壤水受季风或太阳辐射影响，同位素值会发生季节变化，因此植物茎同位素值有明显的季节变化规律，生长旺季值低于生长季初期、末期。不同类型固沙植物茎部同位素 δD 值由大到小，生长季初期依次为紫穗槐、沙地柏、羊柴和油蒿；生长旺季依次为羊柴、沙地柏、油蒿和紫穗槐；生长季末期依次为紫穗槐、沙地柏、羊柴和油蒿。生长旺季受降水影响植物茎部 δD 值小于其余两生长阶段。

表 6-4　　　　　　　　　生长季不同类型固沙植物茎部 δD 值　　　　　　单位:‰

生长时期	紫穗槐	羊柴	油蒿	沙地柏
生长季初期	-40.09	-57.00	-58.97	-52.78
生长旺季	-76.94	-64.73	-68.81	-65.23
生长季末期	-41.65	-52.12	-62.06	-78.44

（5）直接相关法判定生长季不同时期植物水分来源。

①使用直接相关法对生长季初期四种植物水分来源进行分析，结果如图 6-4 所示。沙地柏茎水与土壤水分别于 40～60 厘米上下各有一个交点，表

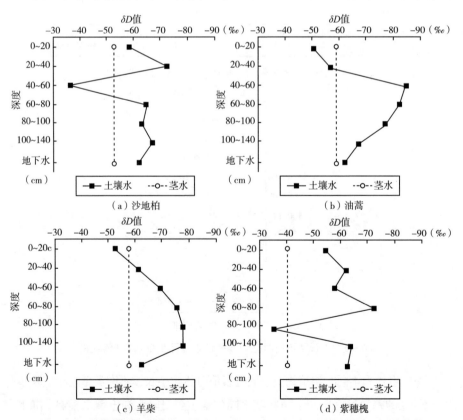

图 6-4　生长季初期各植物土壤水 δD 值、地下水 δD 值与植物水 δD 值比较

明在生长季初期沙地柏主要利用 40 ~ 60 厘米附近土壤水分。油蒿茎水与 20 ~ 40 厘米土层下方有交点，且 0 ~ 20 厘米、地下水较为靠近植物茎水同位素值，因此油蒿对 0 ~ 40 厘米与地下水利用较多。羊柴与油蒿类似，交点位于 0 ~ 40 厘米之间且羊柴茎同位素值与地下水靠近，因此对 0 ~ 40 厘米土壤水与地下水利用较多。紫穗槐交点在 80 ~ 100 厘米深土层附近，主要利用此深度土壤水。

②生长旺季各植物茎水与土壤水、地下水同位素分布如图 6 - 5 所示。沙地柏 0 ~ 20 厘米土壤水同位素值与茎水同位素值于 80 厘米以下有交点，且茎同位素值与表层土壤水相近，由此可知沙地柏在生长旺季主要利用 0 ~ 20 厘米与 80 厘米以下土壤水。油蒿在靠近 0 ~ 20 厘米与 100 ~ 140 厘米处土壤水与茎水有交点，两土壤深度对油蒿植物水分利用率贡献较大。羊柴与油蒿相似，茎水同位素值与土壤水同位素值于 0 ~ 20 厘米与 100 ~ 140 厘米处有交

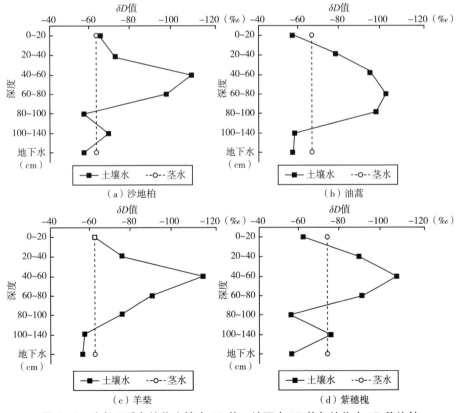

图 6 - 5　生长旺季各植物土壤水 δD 值、地下水 δD 值与植物水 δD 值比较

点，说明羊柴主要利用表层和深层土壤水。紫穗槐茎水与土壤水有多处交点，水分利用较为平均，无法确定其主要水分来源。

③生长季末期各植物茎水与土壤水、地下水同位素分布如图 6-6 所示。沙地柏茎 δD 值在 40~60 厘米与 80~100 厘米处与土壤水 δD 值有交点，说明沙地柏主要利用该深度土壤水。油蒿茎水与土壤水在 20~40 厘米、100 厘米以下有交点，表明油蒿生长季末期主要利用 20~40 厘米与 100 厘米以下土壤水。羊柴茎水靠近 0~20 厘米并在 20~40 厘米附近有一交点，因此羊柴主要利用 0~40 厘米处土壤水。紫穗槐茎水与 100~140 厘米土壤水附近有两个交点，因此紫穗槐主要利用 100~140 厘米处深层土壤水。

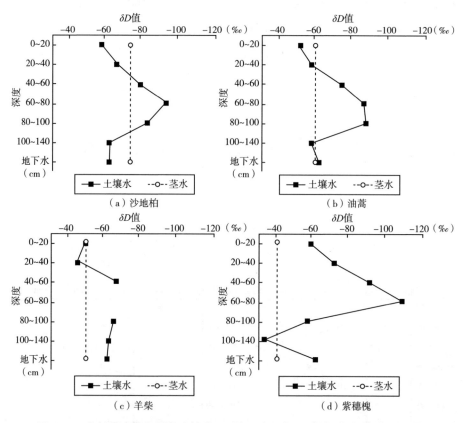

图 6-6　生长季末期各植物土壤水 δD 值、地下水 δD 值与植物水 δD 值比较

（6）多源线性混合模型定量判定生长季不同时期植物水分来源。不同潜在水分来源对各植物水分贡献率不同，统计结果如图 6-7 所示。图中表明，

生长季不同阶段固沙植物水分来源表现出较大差异。

①沙地柏生长季初期主要利用40～60厘米处土壤水；生长旺季主要水分利用来源下移，主要利用80～100厘米土壤水及地下水；生长季末期土壤水

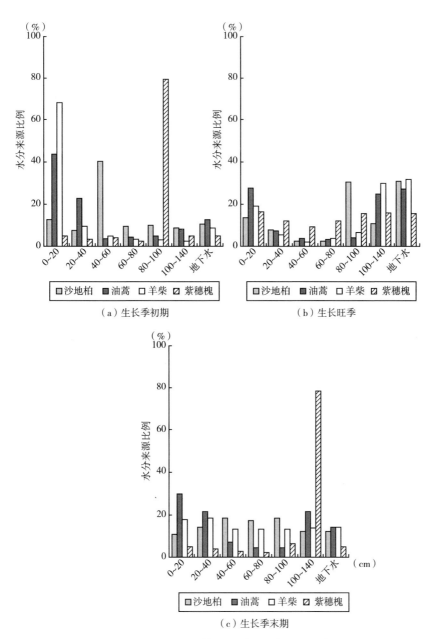

图6－7　不同生长时期土壤水分对植物水分利用的贡献率

利用部位上移，主要利用 40 ~ 60 厘米及 80 ~ 100 厘米土壤水。

②油蒿生长季期间偏重利用表层（0 ~ 40 厘米）及深层（100 ~ 140 厘米）土壤水，生长季初期 0 ~ 20 厘米、20 ~ 40 厘米水分贡献率为 43.5%、22.7%；生长旺季 0 ~ 20 厘米、100 ~ 140 厘米及地下水水分贡献率分别为 28.2%、25.4%、27.8%，是该生长阶段主要水分来源；生长季末期与生长旺季相比减少了对地下水的利用，增加了 20 ~ 40 厘米水分利用率，仍是 0 ~ 20 厘米处 29.6% 贡献率最高。

③羊柴生长季初期 0 ~ 20 厘米处土壤水贡献率最高，达到 68.7%；生长旺季主要水分来源下移，100 ~ 140 厘米及地下水贡献率分别为 30.1%、30.2%，为该阶段主要水分来源；生长季末期各土层水分贡献率较为平均，表层（0 ~ 40 厘米）土壤水贡献率稍高。

④紫穗槐在生长季初期、末期主要利用 80 ~ 140 厘米处土壤水，生长季初期 80 ~ 100 厘米处水分贡献率达到 79.8%，生长季末期主要利用 100 ~ 140 厘米处土壤水，贡献率达 77.8%；生长旺季各土层水分贡献率较为平均表层（0 ~ 20 厘米）及 80 厘米以下土壤水分利用率稍高。

6.3.2 降水对植物水分利用策略的影响

干旱半干旱地区降水是远水源植物的主要水分来源，降水的数量及分布是影响植物生长、生殖和分布的关键因素。降水能直接对土壤中的水分进行补充，不同大小的降水量对土壤水分的补充程度不同，降水量越大补充效果越好；有研究认为小于 5 毫米的降水对土壤水不能起到补充作用，只能缓解干旱。因此，在不同大小的降水事件后，植物会通过调整短期水分利用策略来更好地适应环境。实验期间 8 月 3 日降水 8.3 毫米；8 月 7 日降水 18.6 毫米。

（1）降水对植物土壤含水量的影响。

①降水前后沙地柏土壤含水量变化。沙地柏雨后不同时期土壤含水量变化见表 6 - 5。8 月 4 日降水后，沙地柏表层土壤水分得到补充，含水量均有所增加，雨后第 3 天除 40 ~ 80 厘米土壤含水量较前次测量有所增长外，其余土层含水量均下降。8 日各深度土壤含水量均有增加，此后 40 ~ 60 厘米土壤含水量持续降低，80 ~ 140 厘米土壤含水量再次降水后第 5 天有短暂降低后

增长，但与二次降水后第1天无显著差异。

表6-5 沙地柏雨后各层土壤含水量变化差异 单位:%

深度(厘米)	2日	4日	6日	8日	10日	12日	14日
0~20	2.61 ± 0.05Abc	3.82 ± 2.18Aab	3.43 ± 0.15Aab	4.54 ± 0.09Ba	3.18 ± 0.12Cbc	1.74 ± 0.19Cc	1.37 ± 0.07Cc
20~40	2.46 ± 0.06Be	5.41 ± 0.08Ab	1.67 ± 0.24Bf	6.79 ± 0.11Aa	4.62 ± 0.42Bc	3.10 ± 0.13Bd	2.84 ± 0.69Bde
40~60	0.59 ± 0.11Ce	0.61 ± 0.09Be	1.22 ± 0.43Cd	5.59 ± 0.13ABa	4.82 ± 0.20Bb	4.10 ± 0.23Ac	3.87 ± 0.25Ac
60~80	0.59 ± 0.05Ce	0.43 ± 0.17Be	0.45 ± 0.03De	2.82 ± 0.91Cc	5.61 ± 0.05Aa	3.20 ± 0.26Bb	1.70 ± 0.76Cd
80~100	0.60 ± 0.14Cb	0.80 ± 0.80Bb	0.66 ± 0.12Db	2.10 ± 2.13CDab	2.99 ± 0.36Ca	0.82 ± 0.05Db	1.18 ± 0.62Cb
100~140	0.67 ± 0.03Cc	0.66 ± 0.12Bc	0.58 ± 0.07Dc	0.98 ± 0.12Dab	1.21 ± 0.28Da	0.77 ± 0.03Dbc	1.05 ± 0.09Ca

注：小写字母为不同日期同一深度土壤含水量差异；大写字母为同一日期不同深度土壤含水量差异。

沙地柏0~20厘米处第一次降水后1~3天土壤含水量显著增高，其余时间含水量差异不明显。20~40厘米处降水后第1天显著高于其余时间，且大降水事件显著高于小降水事件，雨后第7天与降水前土壤含水量无显著差异。雨后第3天降水下渗至40~60厘米，受第二次降水影响，8月7日降水后第1~3天，80~140厘米处土壤含水量显著高于其他时期。

沙地柏首次降水后0~40厘米土壤含水量显著高于40厘米以下，含水量随土壤深度加深逐渐降低，雨后第3天部分深度土壤含水量较第1天有所降低，含水量呈随土壤深度增加不断降低趋势。再次降水促进土壤水下渗，含水量随土壤深度呈先增加后降低趋势，0~60厘米土壤含水量显著高于60厘米以下，再次降水后3~7天内40~80厘米土壤含水量最高。

②降水前后油蒿土壤含水量变化。油蒿雨后各层土壤含水量变化差异见表6-6。雨后第1天，除40~60厘米处土壤含水量降低10%外，其他土层土壤含水量均有增加，增加比例随土壤深度加深逐渐下降。雨后第3

天，仅 40 ~ 60 厘米、80 ~ 100 厘米处有 39.6% 、19.56% 的增长，其余土层含水量降低。第二次降水后，除 20 ~ 60 厘米深度含水量下降以外，其余各层含水量均有增加。雨后 3 ~ 5 天内除第 3 天 40 ~ 60 厘米含水量增加外，各土层含水量持续下降。二次降雨后第 7 天 40 ~ 60 厘米处含水量有显著增加。

表 6 - 6　　　　　　　　油蒿雨后各层土壤含水量变化差异　　　　单位:%

深度(厘米)	2 日	4 日	6 日	8 日	10 日	12 日	14 日
0 ~ 20	1. 80 ± 0. 09Bf	6. 46 ± 0. 09Aa	4. 38 ± 0. 10Bc	4. 98 ± 0. 27Ab	3. 72 ± 0. 16Cd	2. 93 ± 0. 13Ce	1. 99 ± 0. 18CDf
20 ~ 40	2. 46 ± 0. 10Ae	5. 81 ± 0. 08Aa	4. 96 ± 0. 05Ab	4. 21 ± 0. 29Bc	4. 03 ± 0. 09Bcd	3. 75 ± 0. 16Bd	2. 66 ± 0. 30Ce
40 ~ 60	1. 65 ± 0. 12Bc	1. 48 ± 0. 09Bc	2. 07 ± 0. 77Cc	1. 47 ± 0. 04Dc	4. 89 ± 0. 14Aa	4. 51 ± 0. 13Aa	3. 41 ± 0. 04Bb
60 ~ 80	0. 72 ± 0. 13Cd	1. 47 ± 0. 08Bc	0. 82 ± 0. 03Dd	1. 99 ± 0. 21Cb	1. 70 ± 0. 33Dbc	1. 51 ± 0. 29Dc	5. 57 ± 0. 14Aa
80 ~ 100	0. 67 ± 0. 49Cc	0. 78 ± 0. 02Bc	0. 93 ± 0. 06Dbc	1. 53 ± 0. 10Dab	1. 36 ± 0. 09Eabc	0. 99 ± 0. 05Ebc	1. 83 ± 0. 86Da
100 ~ 140	0. 87 ± 0. 05Cb	1. 58 ± 1. 12Bab	1. 35 ± 0. 09Dab	1. 79 ± 0. 12DCa	1. 63 ± 0. 12DEab	1. 35 ± 0. 06Dab	1. 36 ± 0. 09Dab

油蒿 0 ~ 40 厘米受第一次降水影响土壤含水量最高，后随时间变化逐渐降低，第二次降水后第 7 天与降水前土壤含水量无显著差异。受时间及二次降水影响，雨后 3 ~ 5 天 40 ~ 60 厘米处含水量显著高于其他时期；60 ~ 80 厘米含水量降水后第 7 天最高。100 ~ 140 厘米土壤含水量受降水与土壤水下渗滞后性共同影响，8 月 8 日降水后该土层含水量显著高于二次降水前。

第一次降水至二次降水后，第 1 天土壤含水量随土壤深度加深逐渐降低，二次降水 3 天后，土壤含水量随土壤深度加深呈增加后降低趋势，土壤含水量最大值由 10 日 40 ~ 60 厘米逐渐向深层土壤转移。

③降水前后羊柴土壤含水量变化。羊柴雨后各层土壤含水量变化见表 6 - 7。8 月 3 日较小降水后各层土壤含水量均有增加，20 ~ 40 厘米增长率最大，雨

后第 3 天土壤表层 0～40 厘米处含水量有 20%～30% 下降，其余土壤深度含水量均有所增加。二次降水后第 1 天仅 100～140 厘米处含水量下降了 0.6%，其余各层含水量均有增加，40～60 厘米深度含水量增加最高，较前 1 天增加了 74.43%。降水后 3～7 天内，除第 3 天 40～60 厘米、第 7 天 60～140 厘米含水量增加外，其余各层土壤含水量均呈下降趋势。

表 6－7　　　　　　　羊柴雨后各层土壤含水量变化差异　　　　　单位:%

深度（厘米）	2 日	4 日	6 日	8 日	10 日	12 日	14 日
0～20	1.81 ± 0.19Ae	6.54 ± 0.45Aa	4.46 ± 0.08Bbc	4.96 ± 0.18Bb	4.03 ± 0.22Cc	2.80 ± 0.13Cd	1.82 ± 0.57Ce
20～40	0.97 ± 0.10Bf	6.45 ± 0.13Ba	5.18 ± 0.18Ab	5.37 ± 0.13Ab	4.83 ± 0.33Bc	3.79 ± 0.07Bd	3.31 ± 0.08Be
40～60	0.84 ± 0.05BCf	1.52 ± 0.74Ce	2.73 ± 0.21Cd	4.76 ± 0.16Bb	5.66 ± 0.40Aa	4.68 ± 0.02Ab	3.76 ± 0.11Ac
60～80	0.63 ± 0.03CDc	0.69 ± 0.10Ec	1.35 ± 0.07Da	1.45 ± 0.05Ca	1.40 ± 0.08Da	0.92 ± 0.08Eb	1.40 ± 0.15CDa
80～100	0.69 ± 0.01De	0.89 ± 0.10Dd	0.99 ± 0.02Ed	1.36 ± 0.10CDa	1.26 ± 0.04Db	1.13 ± 0.01Dc	1.42 ± 0.04CDa
100～140	0.92 ± 0.11Bc	0.98 ± 0.01Cc	1.21 ± 0.11DEb	1.20 ± 0.03Da	1.18 ± 0.06Da	1.15 ± 0.09Db	1.24 ± 0.02Db

在初次降水至二次降水后 7 天内，土壤表层 0～40 厘米含水量 4 日显著高于其他时间，水分随时间推移下渗过程中深层土壤水增加，二次降水后第 1 天 60～140 厘米含水量显著高于其他时间，表层含水量受降水影响有所增加，后随时间推移减少。二次降水后第 3 天 40～60 厘米含水量为同等深度最高；第 7 天 60～100 厘米含水量显著高于其他时期。

垂直梯度首次降水后土壤表层含水量最高，随深度增加逐渐降低。其余日期土壤含水量呈现先增加后降低趋势，每次测量含水量最大值分别位于 20～40 厘米、40～60 厘米处。

④降水前后紫穗槐土壤含水量变化。紫穗槐雨后土壤各层土壤含水量变化如表 6－8 所示。3 日降水后第 1 天仅 40～60 厘米处土壤含水量较雨前降低 9.78%；但雨后第 3 天该层含水量较第 1 天增长了 48.19%，其余各

土层含水量均有不同程度降低。8 日受再次降水影响各土层含水量均有所增加，0～40 厘米含水量变化波动较小，40 厘米以下波动较大、土壤水分增加较多。二次降水后除第 1 天 40～60 厘米、第 3 天 60～80 厘米、第 5 天 80～140 厘米处土壤含水量有所增加外，其余时间各土层含水量均有所下降。

表 6-8　　　　　　　　紫穗槐雨后各层土壤含水量变化差异　　　　　单位:%

深度(厘米)	2 日	4 日	6 日	8 日	10 日	12 日	14 日
0～20	1.91 ± 0.01Aef	6.84 ± 0.36Aa	4.11 ± 0.30Bc	4.70 ± 0.16Ab	3.64 ± 0.17Cd	2.26 ± 0.17De	1.81 ± 0.33Bf
20～40	1.38 ± 0.07ABe	6.30 ± 0.19Ba	4.72 ± 0.11Ab	5.17 ± 0.21BAb	4.14 ± 0.14Bc	4.22 ± 0.18Ac	2.74 ± 0.68Ad
40～60	1.69 ± 1.13ABc	1.85 ± 0.13Cc	1.77 ± 0.02Cc	4.57 ± 0.13ABa	5.10 ± 0.07Aa	3.46 ± 0.25Bb	3.35 ± 0.27Ab
60～80	0.92 ± 0.05Bd	0.83 ± 0.03Ed	1.23 ± 0.42Cc	4.64 ± 0.21ABa	1.31 ± 0.04Ec	2.83 ± 0.30Cb	1.49 ± 0.08Bc
80～100	0.88 ± 0.05Bc	1.32 ± 0.11Dbc	1.01 ± 0.04Dbc	4.29 ± 0.88Ba	1.64 ± 0.29Db	0.80 ± 0.06Ec	1.43 ± 0.36Bbc
100～140	0.86 ± 0.02Bde	1.95 ± 0.02Cb	1.05 ± 0.06Dcd	2.58 ± 0.10Ca	1.13 ± 0.08Ec	0.81 ± 0.09Ee	1.93 ± 0.29Bb

　　紫穗槐 0～20 厘米两次雨后土壤含水量显著高于其他时间段，每次测量差异显著，降水后 5～7 天土壤含水量恢复至降水前。20 厘米以下每次测量土壤含水量变化差异较小，存在滞后性。二次降水后第 1 天 40～140 厘米土壤含水量显著高于其余各次测量，40～60 厘米雨后第 3 天含水量仍有所增长，后随时间推移降低。

　　雨前 0～20 厘米土壤含水量显著高于其他土壤深度，降水后表层含水量显著高于其他土壤深度，后随时间推移水分逐渐下渗，8 日在原有水分基础上受再次降水影响使得 0～80 厘米处含水量显著高于 80～140 厘米。两次降水后第 1 天各层土壤含水量大部分均有所增加。10 日各土层含水量均有所减少，40～60 厘米处土壤含水量最大，之后最大值在 20～40 厘米之间波动。

（2）降水对植物茎水同位素的影响。降水前后不同类型固沙植物茎部 δD 同位素的差异见表 6 - 9。实验期间共有两次降水，第一次降水的同位素 δD 值为 - 74.70；第二次降水的同位素 δD 值为 - 55.39。受太阳辐射及季风气候影响，两次降水同位素 δD 值相差较大。降水通过土壤水间接改变植物茎水同位素组成，第一次降水同位素 δD 值较小，使得植物茎水同位素 δD 值减小；第二次降水同理。两次降水量不同，第二次降水量较大使表层土壤水同位素 δD 值接近降水，相应的植物茎水 δD 组成也接近降水 δD 组成。

表 6 - 9　　　　　　　　　　　植物茎水与降水 δD 值　　　　　　　　　　　单位:‰

日期及降水	沙地柏	油蒿	羊柴	紫穗槐
8 月 2 日	- 50.09	- 45.23	- 53.85	- 50.40
降水	- 74.70			
8 月 4 日	- 54.51	- 56.93	- 64.12	- 57.61
8 月 6 日	- 52.37	- 50.75	- 59.48	- 52.21
降水	- 55.39			
8 月 8 日	- 61.99	- 58.43	- 58.76	- 51.78
8 月 10 日	- 55.92	- 54.42	- 57.12	- 56.57
8 月 12 日	- 48.31	- 62.38	- 58.93	- 47.99
8 月 14 日	- 57.19	- 50.88	- 65.38	- 58.65

（3）降水对植物土壤水同位素的影响。

①降水对沙地柏土壤水同位素的影响。降水对沙地柏土壤水同位素的影响见表 6 - 10。降水前土壤水同位素富集作用明显，表层同位素 δD 值较大，随土壤深度加深逐渐减小。第一次降水后受降水影响表层土壤 δD 值明显减小，且小于降水同位素 δD 值，深层土壤有不同程度降低。二次降水后受降水影响土壤水同位素 δD 值继续降低，并向降水同位素 δD 值靠近。后随时间推移表层土壤水同位素 δD 值逐渐增大。首次降水后第 1 天至二次降水后第 1 天同位素 δD 值随土壤深度加深呈先增加后减小趋势变化；二次降水后第 3 天与之前相反，呈先减小后增大趋势；二次降水后 5 ~ 7 天随土壤深度增加同位素 δD 值逐渐减小。

表 6 – 10　　　　　　　　降水前后沙地柏土壤水 δD 值的变化　　　　　单位:‰

深度（厘米）	2 日	4 日	6 日	8 日	10 日	12 日	14 日
0 ~ 20	− 40. 38	− 80. 89	− 60. 51	− 68. 35	− 57. 96	− 62. 92	− 53. 29
20 ~ 40	− 41. 18	− 53. 45	− 26. 70	− 66. 15	− 65. 16	− 63. 60	− 55. 99
40 ~ 60	− 46. 51	− 40. 55	− 49. 66	− 58. 73	− 65. 01	—	− 54. 75
60 ~ 80	− 57. 27	− 62. 57	− 70. 64	− 63. 94	− 45. 71	− 63. 04	− 57. 52
80 ~ 100	− 48. 66	− 62. 46	− 62. 21	− 67. 19	− 51. 82	− 76. 40	− 63. 13
100 ~ 140	− 60. 76	− 59. 74	− 61. 18	− 68. 77	− 66. 33	− 72. 63	− 72. 28
地下水	− 55. 28						

②降水对油蒿土壤水同位素的影响。降水对油蒿土壤水同位素的影响见表 6 – 11。雨前土壤水 δD 值随土壤深度增加逐渐降低；降水后土壤水 δD 值随土壤深度加深呈先增加后降低趋势。两次降水后第 1 天土壤水 δD 最大值位于 20 ~ 40 厘米之间，后随时间推移逐渐最大值所在深度下移。

表 6 – 11　　　　　　　　降水前后油蒿土壤水 δD 值的变化　　　　　单位:‰

深度（厘米）	2 日	4 日	6 日	8 日	10 日	12 日	14 日
0 ~ 20	− 30. 52	− 91. 32	− 78. 48	− 67. 63	− 73. 12	− 72. 61	− 53. 41
20 ~ 40	− 48. 78	− 37. 69	− 47. 20	− 41. 64	− 66. 52	− 67. 36	− 53. 06
40 ~ 60	− 38. 40	− 51. 81	− 38. 02	− 68. 57	− 49. 78	− 60. 76	− 41. 97
60 ~ 80	− 51. 06	− 63. 64	− 66. 17	− 61. 79	− 73. 03	− 56. 96	− 40. 18
80 ~ 100	− 53. 73	—	− 63. 86	− 69. 40	− 70. 67	− 64. 77	− 51. 77
100 ~ 140	− 62. 45	− 76. 83	− 70. 80	− 69. 69	− 68. 33	− 59. 47	− 60. 46
地下水	− 55. 28						

③降水对羊柴土壤水同位素的影响。降水对羊柴土壤水同位素的影响见表 6 – 12 所示。降水前土壤水同位素 δD 值随土壤深度增加逐渐降低；降水后土壤水同位素 δD 值除第二次降水后第 3 天随土壤深度增加降低外，均随土壤深度加深呈先增加后降低趋势。首次降水后降水量较小 20 ~ 40 厘米土壤水受到影响较小，δD 值较大。第二次较大降水后最大土壤水 δD 值下移，各层土壤水 δD 值较雨前总体有所降低。

表 6 – 12　　　　　　　　降水前后羊柴土壤水 δD 值的变化　　　　　单位:‰

深度（厘米）	2 日	4 日	6 日	8 日	10 日	12 日	14 日
0 ~ 20	− 30. 67	− 95. 73	− 79. 57	− 63. 68	− 67. 03	− 53. 25	− 57. 30
20 ~ 40	− 33. 56	− 44. 29	− 44. 58	− 84. 11	− 61. 03	− 72. 09	− 73. 81
40 ~ 60	− 48. 57	− 44. 35	− 43. 68	− 35. 88	− 41. 17	− 59. 28	− 33. 59
60 ~ 80	− 56. 49	—	− 60. 39	− 55. 83	− 43. 37	− 55. 30	− 50. 91
80 ~ 100	− 61. 49	− 68. 37	− 59. 74	− 66. 02	− 65. 52	− 66. 13	− 71. 22
100 ~ 140	− 57. 50	− 60. 99	− 52. 28	− 65. 41	− 66. 34	− 68. 16	− 57. 15
地下水	− 55. 28						

④降水对紫穗槐土壤水同位素的影响。降水对紫穗槐土壤水同位素的影响如表 6 – 13 所示。降水前土壤水同位素 δD 值随土壤深度增加逐渐降低；降水后土壤水同位素 δD 值随深度增加呈先增加后降低趋势，第二次降水第1天最大值深度下移至 60 ~ 80 厘米，其余时间土壤水同位素 δD 最大值位于 20 ~ 60 厘米。

表 6 – 13　　　　　　　　降水前后紫穗槐土壤水 δD 值的变化　　　　　单位:‰

深度（厘米）	2 日	4 日	6 日	8 日	10 日	12 日	14 日
0 ~ 20	− 29. 99	− 85. 58	− 54. 49	− 58. 20	− 66. 56	− 67. 14	− 55. 75
20 ~ 40	− 33. 90	− 49. 44	− 39. 39	− 49. 68	− 68. 58	− 40. 79	− 58. 66
40 ~ 60	− 35. 40	− 41. 89	− 47. 73	− 45. 80	− 39. 94	− 52. 82	− 44. 84
60 ~ 80	− 52. 86	—	—	− 37. 52	—	− 63. 06	− 48. 65
80 ~ 100	− 43. 96	− 60. 98	− 57. 94	− 42. 17	− 55. 33		− 56. 66
100 ~ 140	− 56. 73	− 71. 17	− 69. 84	− 63. 75	− 59. 74	− 77. 31	− 69. 87
地下水	− 55. 28						

（4）直接相关法判定降水后植物短期内水分来源。

①直接相关法判定降水前后沙地柏降水后水分来源。降水前后沙地柏茎水同位素 δD 与各潜在水源 δD 值对比如图 6 – 8 所示。8月2日各土壤水同位素值与茎水同位素值相差不大，40 厘米以下土壤水 δD 值与茎 δD 值有多个交点，说明沙地柏雨前主要利用 40 厘米以下土壤水。8月4日茎 δD 值与 20 ~ 40 厘米、60 ~ 80 厘米、地下水附近有交点，为主要水分来源。8月6日，沙地柏茎水 δD 值靠近地下水 δD 值，并在 0 ~ 20 厘米、40 ~ 60 厘米土壤水附近有

交点，说明沙地柏主要利用这三部分水分。8月8日40~60厘米、100~140厘米与地下水之间（靠近地下水）存在交点，说明沙地柏此时主要利用40~60厘米土壤水及地下水。8月10日，沙地柏茎水δD值与0~20厘米土壤水δD值、地下水δD值几乎相同，60~100厘米土层上下各有一个交点，因此60~100厘米为主要水分来源，0~20厘米与地下水为次要水分来源。8月12日，因40~60厘米处样品丢失，在已有样品中沙地柏植物茎水同位素更靠近地下水，因此地下水可能为主要水分来源。8月14日除100~140厘米土壤水δD值较茎δD值距离较远外，其他深度土壤水δD值均与茎水δD值相差不大

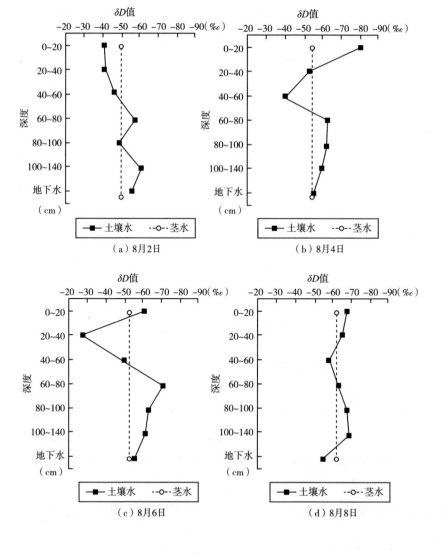

（a）8月2日　　　　　　　　　　（b）8月4日

（c）8月6日　　　　　　　　　　（d）8月8日

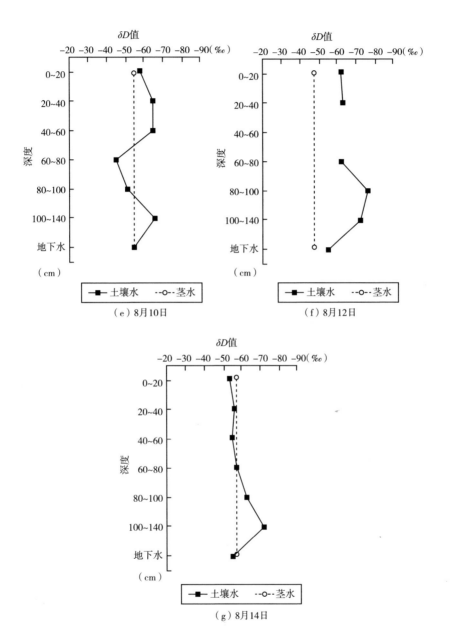

图 6-8 降水前后沙地柏茎水同位素 δD 与各潜在水源 δD 值比较

或有交点，因此无法确定该日主要水分来源。

②直接相关法判定降水前后油蒿降水后水分来源。降水前后油蒿茎水同位素 δD 与各潜在水源 δD 值对比如图 6-9 所示。8 月 2 日，油蒿茎水与

0～60厘米处土壤水同位素值有交点，表明雨前油蒿主要利用0～60厘米处土壤水，但不能获得各层水分贡献率。8月4日，油蒿茎水 δD 值与地下水 δD 值相近，并在0～80厘米土层内有两个交点，说明对80厘米以上土层及地下水有较大利用。8月6日，油蒿茎水 δD 值与20～60厘米土壤水 δD 值有交点，与地下水 δD 值较为接近，表明此时油蒿主要利用20～60厘米土壤水，地下水为次要水分来源。8月8日，0～40厘米土壤水 δD 值、地下水 δD 值与油蒿茎水有交点，表明该日油蒿主要利用表层土壤水与地下水。8月10日，油蒿茎水 δD 值与40～60厘米土层 δD 值有交点，与地下水 δD 值差值不大，

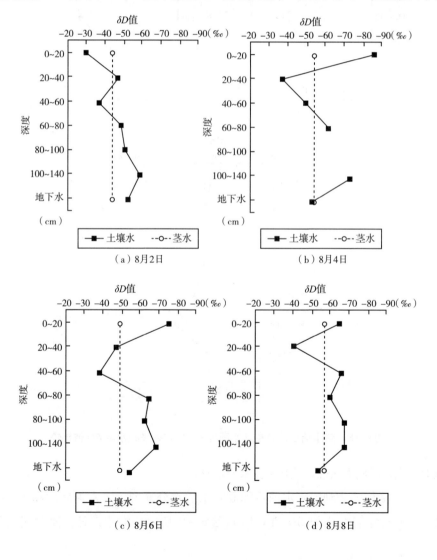

（a）8月2日   （b）8月4日

（c）8月6日   （d）8月8日

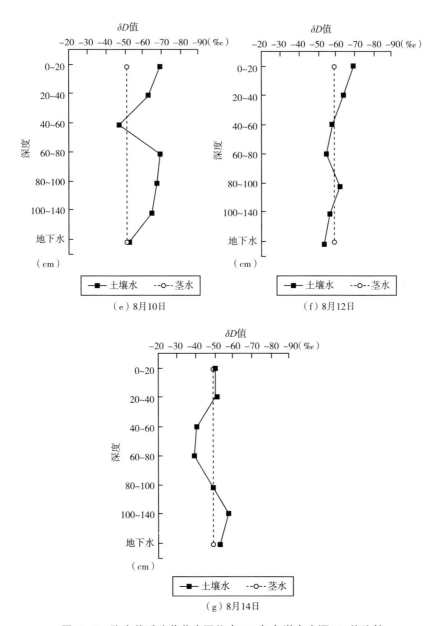

图 6 - 9 降水前后油蒿茎水同位素 δD 与各潜在水源 δD 值比较

表明在 10 日油蒿主要利用 40 ~ 60 厘米土壤水及地下水。8 月 12 日，油蒿茎水 δD 值与 40 ~ 60 厘米、80 ~ 100 厘米土层 δD 值有交点，表明此时油蒿主要利用这两个土层水分。8 月 14 日，0 ~ 40 厘米与地下水 δD 值更接近油蒿茎

δD 值，80～100 厘米与茎 δD 值有交点，表明 80～100 厘米土壤水为主要水分来源；0～40 厘米土壤水为次要水分来源。

③直接相关法判定降水前后羊柴降水后水分来源。降水前后羊柴茎水同位素 δD 与各潜在水源 δD 值对比如图 6-10 所示。8 月 2 日羊柴茎水 δD 值与 60～80 厘米土层 δD 值有交点，并与 60～80 厘米接近，表明 60～80 厘米土壤水为羊柴主要水分来源，60 厘米以下土壤水 δD 值与茎水 δD 值差值不大，可能为次要水分来源。8 月 4 日因数值丢失，直接相关可能得不到主要水分来源，茎水 δD 值与 80～100 厘米土壤水 δD 值有交点，推测 80～100 厘米土

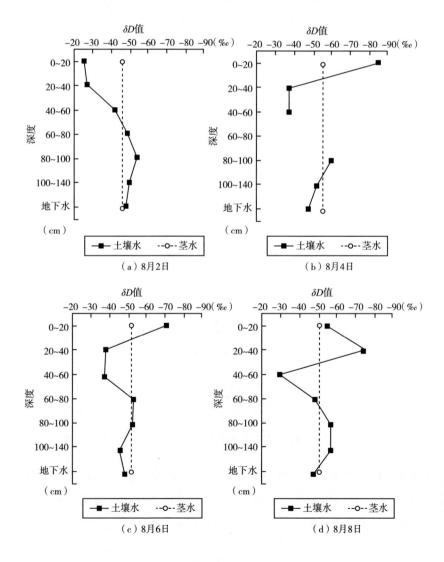

（a）8 月 2 日　（b）8 月 4 日

（c）8 月 6 日　（d）8 月 8 日

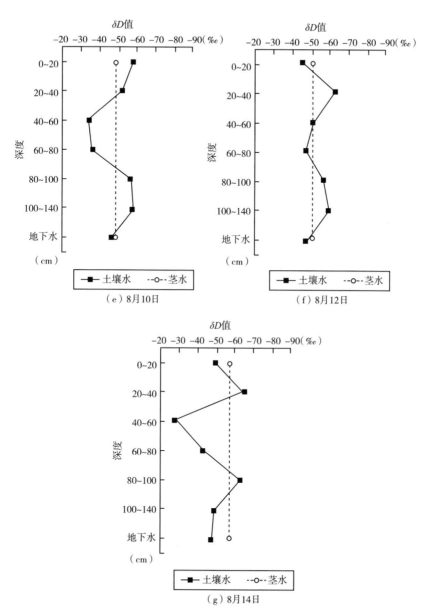

图 6 – 10 降水前后羊柴茎水同位素 δD 与各潜在水源 δD 值比较

层为主要水分来源。8 月 6 日 60～100 厘米土层与茎水 δD 值有交点，且数值几乎相等，因此 60～100 厘米为主要水分来源。8 月 8 日土壤水与茎水有两交点，分别靠近 60～80 厘米与地下水，表明 8 日羊柴主要利用 60 厘米以下较深土层水分。8月10日土壤水 δD 值与茎水 δD 值共有三个交点，分别靠近20~40厘米、80~100厘米、地下水，表明此时羊柴同时利用表层土壤水与深层土壤水。8月12日土壤水与茎水有多个交点，20~40厘米与100~140厘米土层 δD 值较茎 δD 值差值较大，水分被较少利用。8月14日土壤水 δD 值波动较大，与茎水 δD 值交点位于80~100厘米附近，因此80~100厘米土层为主要水分来源深度。

④直接相关法判定降水前后紫穗槐降水后水分来源。降水前后紫穗槐茎水同位素 δD 与各潜在水源 δD 值对比如图6-11所示。8月2日土壤水与茎

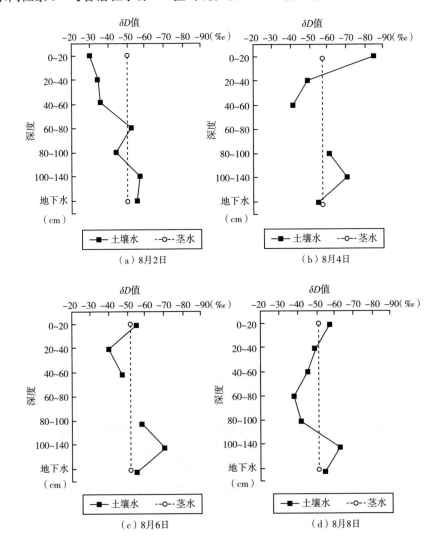

（a）8月2日　　　　　　　　（b）8月4日

（c）8月6日　　　　　　　　（d）8月8日

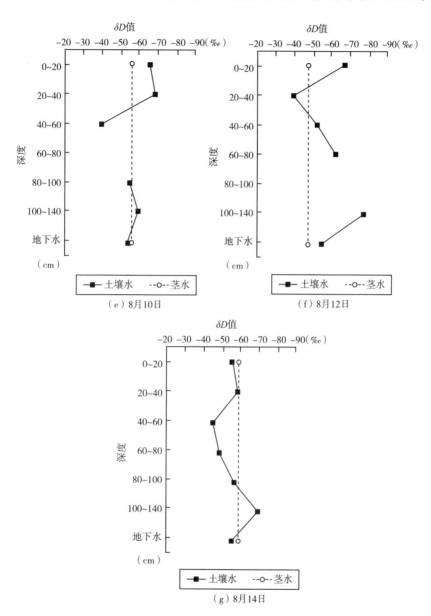

图 6 – 11　降水前后紫穗槐茎水同位素 **δD** 与各潜在水源 **δD** 值比较

水在靠近 60 ~ 80 厘米处有交点，100 厘米以下土壤水 δD 值与茎水 δD 值差值不大，表明 60 ~ 80 厘米为主要水分来源，100 厘米以下土壤水及地下水为次要水分来源。8 月 4 日、6 日样品均有丢失，从已有样品可以发现，对表层 0 ~ 20 厘米及 80 厘米以下土壤水利用较多。8 月 8 日紫穗槐茎 δD 值与靠近

20～40 厘米土层处 δD 值有交点，并与地下水差值较小，说明此时 20～40 厘米土壤水及地下水是紫穗槐主要水分来源。8 月 10 日与 12 日有样品丢失，从图中可以发现在此期间紫穗槐主要利用 20～40 厘米土壤水及地下水。8 月 14 日水分利用情况与 8 日相似，同时 80～100 厘米土层也为主要水分来源。

（5）多源线性混合模型定量判定降水后植物短期内水分来源。

①降水对沙地柏水分利用的影响。沙地柏降水前后主要土壤水分来源深度有明显差异（见表 6–14）。降水前 40～100 厘米深度为主要水分来源，比例为 46.4%。首次降水后 3～5 天主要水分来源深度上移，20～60 厘米深度土壤水贡献率为 45%。第二次降水后第 1 天主要水分来源为 40～60 厘米及地下水；第 3 天 60～100 厘米作为主要水分来源，贡献率达 40%；之后随时间推移主要供水深度上移，雨后第 7 天各深度土壤水贡献率较为平均。两次降水后第 1 天表层土壤水贡献率均有所下降。

表 6–14　　　　　降水前后沙地柏对不同深度土壤水的利用率　　　　单位:%

深度（厘米）	2 日	4 日	6 日	8 日	10 日	12 日	14 日
0～20	12.60	5.60	12.70	9.10	14.60	12.80	16.30
20～40	1.30	18.30	19.50	10.90	9.50	12.70	17.00
40～60	15.60	26.70	18.30	22.70	9.50	25.50	16.80
60～80	14.30	10.60	9.70	10.00	20.00	12.80	16.60
80～100	16.50	10.60	13.50	10.00	20.00	10.50	10.60
100～140	12.80	12.20	12.40	8.80	8.90	11.00	5.90
地下水	15.20	16.00	15.10	24.90	17.50	14.70	16.90

②降水对油蒿水分利用的影响。油蒿降水前后主要土壤水分来源深度有明显差异（见表 6–15）。降水前油蒿主要利用上层 0～60 厘米土壤水，比例为 57.3%。降水后水分来源下移之后又随时间推移逐渐上移，小降水后第 1 天 40～80 厘米为主要水分来源，水分贡献率达 32.8%；第 3 天主要水分来源深度上移为 20～60 厘米。二次降水后第 1 天 20～40 厘米及地下水贡献率最高；第 3 天 40～60 厘米土壤水贡献率较前次测量高出 55.5%；之后几天土壤水贡献率最大值为 80～100 厘米，随时间推移表层 0～60 厘米土壤水贡献率开始增加。

表6-15　　　　　　　降水前后油蒿对不同深度土壤水的利用率　　　　单位:%

深度（厘米）	2日	4日	6日	8日	10日	12日	14日
0～20	21.90	13.20	5.10	10.90	3.20	11.70	15.40
20～40	14.10	13.60	22.70	24.40	4.70	14.80	15.60
40～60	21.30	16.20	37.30	10.50	66.00	1.60	13.80
60～80	12.60	16.60	7.60	14.10	3.60	13.50	12.90
80～100	11.30	8.70	8.30	10.10	3.60	16.30	16.30
100～140	8.20	15.10	6.40	10.00	4.20	15.20	11.60
地下水	10.60	16.60	12.60	20.00	15.20	12.50	14.30

③降水对羊柴水分利用的影响。羊柴降水前后土壤水分利用来源有明显差异（见表6-16）。降水前羊柴主要利用60厘米以下土壤水及地下水，第一次降水后3～5天表层0～20厘米土壤水贡献率升高到20%以上。第二次降水后第1天主要利用60～80厘米土壤水；雨后3～5天0～40厘米土壤水和地下水贡献率较大；第7天20～40厘米、80～100厘米处土壤水贡献率较大，分别较第5天增加了26.7%、18.9%。

表6-16　　　　　　　降水前后羊柴对不同深度土壤水的利用率　　　　单位:%

深度（厘米）	2日	4日	6日	8日	10日	12日	14日
0～20	5.30	26.20	20.50	14.20	13.20	19.40	9.40
20～40	5.80	10.30	9.50	8.20	15.50	7.00	33.70
40～60	12.00	10.30	9.20	15.10	13.20	16.40	3.70
60～80	18.90	5.30	17.60	17.90	13.90	19.20	6.80
80～100	20.50	19.30	17.10	13.20	13.80	9.90	28.80
100～140	19.40	15.40	12.30	13.40	13.50	8.70	9.30
地下水	18.10	13.20	13.60	1.80	17.00		8.40

④降水对紫穗槐水分利用的影响。紫穗槐降水前主要利用60厘米以下土壤水，水分贡献率占总用水量83.4%；第一次降水后3～5天60厘米以上土壤水贡献率增加（见表6-17）。第二次降水后紫穗槐主要利用0～40厘米及100厘米以下土壤水，并随时间推移减少对表层土壤水利用，增加100厘米以下土壤水及地下水利用率。雨后60～80厘米处土壤水利用率持续偏低。

表 6-17　　　　　　　降水前后紫穗槐对不同深度土壤水的利用率　　　　单位:%

深度（厘米）	2日	4日	6日	8日	10日	12日	14日
0~20	4.80	15.70	17.30	17.10	17.90	1.20	13.30
20~40	5.70	14.50	11.50	15.60	17.70	18.70	16.90
40~60	6.10	12.40	14.90	13.20	9.80	15.30	7.30
60~80	21.30	6.60	5.10	9.60	4.30	12.80	8.70
80~100	9.90	17.40	17.50	11.40	16.30	16.10	14.30
100~140	27.10	17.30	16.30	15.60	17.60	10.40	26.60
地下水	25.10	16.20	17.40	17.50	16.30	14.60	12.90

6.4　讨　论

6.4.1　生长季不同时期植物水分利用策略

在水资源极度匮乏的干旱沙区，土壤水分是影响沙区植被生长、发育和分布格局的最主要限制因素（Snder K. A. et al.，2000）。虽然研究区地下水资源较丰富，但地下水位深度普遍在 6~8 米以下，植物不能直接利用，降水仍是主要的水分来源。研究区降水多集中于夏季，因此，植物在生长季内不同生长阶段存在对水分的转换利用现象，依据不同时期土壤含水量的变化及根的分布，应用不同的水分利用策略。

（1）油蒿在生长季期间，主要利用 0~40 厘米和 100 厘米以下土壤水，但表层土壤水贡献率略高。不仅如此，油蒿的主要水分来源深度会随着种植年限发生变化，随着种植年限增长转向较多利用深层土壤水分（Huang L. et al.，2015）。油蒿的这些水分利用策略可能是其适应干旱环境的重要机制之一。对植物来说，只有单次降水达到一定阈值时，植物才开始吸收表层土壤水。对于固沙植物油蒿来说，对表层和深层土壤水分的利用较为均匀可能是其成为该地区优势灌木的重要原因之一。

（2）紫穗槐为主根可达到 50 厘米以下土层，且有显著的主根优势。与油蒿生长季期间或利用表层土壤水及地下水不同，紫穗槐生长季初期、末期，主要水分均来自深层土壤（60 厘米以下），说明紫穗槐深层根系有较好的水分吸收效率，依赖土壤深层稳定水源。由于紫穗槐土壤表层有众多细根，在降水较多的生长旺季为植物体提供水分，减少了对深层水分利用，因此生长旺季紫穗槐各层土壤水利用率较为平均。紫穗槐土壤含水量生长季初期、末期 100 ~ 140 厘米处最高，生长旺季 60 ~ 100 厘米处含水量最高，表明紫穗槐在该地区土壤水分状况的适宜性较好。这与杜明新等（2014）研究发现的最大含水量范围在 0 ~ 60 厘米之间不同。但我们的研究在采样前一周无明显的降水过程，表层含水量降低，紫穗槐可能因受到表层土壤水分的胁迫而增加了深层土壤水的利用比例。且有研究表明表层土壤的细根主要作用是吸收养分和水；而深层根的主要作用是吸收深层土壤水。研究区深层土壤水分含量高于浅层土壤水分，紫穗槐的水分利用特征也进一步证实其在该地区较好的适宜性。

（3）羊柴在生长季初期主要利用 0 ~ 20 厘米浅层土壤水；生长旺盛季100 厘米以下土壤水及地下水为主要水分来源，表层 0 ~ 20 厘米土壤水为次要水分来源；生长季末期各层土壤水贡献率较为平均。其土壤含水量在三个生长时期最大值依次位于 80 ~ 100 厘米、100 ~ 140 厘米和 20 ~ 40 厘米。羊柴根系的分布范围为地下 0 ~ 100 厘米左右（陈玉福等，2000），主要分布于0 ~ 40 厘米深度范围内（张雷等，2017），因此主要利用浅层土壤水。研究区羊柴密度较大，在植物生长旺盛时期，浅层土壤水不能满足植物生长需求，羊柴开始利用深层土壤水。在生长季末期羊柴生长速度减慢甚至停止生长，对水分需求量减少，使得表层土壤受到降水补充含水量有所升高，但单次降水量较少，加上区域有限的降水条件，不足以补给深层土壤水分，导致羊柴恢复区深层土壤水分长期处于较低状态。

（4）沙地柏生长季期间水分来源与紫穗槐相似，虽然根系（0 ~ 30 厘米）分布较多（李为萍等，2012），但主要利用深层（40 ~ 100 厘米）土壤水。生长季土壤含水量均随土壤深度的增加呈先增加后缓慢下降的趋势，土壤含水量最大值（40 ~ 100 厘米）与水分利用范围相适应。实验结果与前人对沙地柏的研究结果一致（刘自强等，2017）。因为沙地柏具有比多数沙生灌木较小的蒸腾速率和更强的抗旱性，因此在生长旺盛季和生长季末期土壤含水量显著高于其他三种植物（董学军等，1999）。

6.4.2 降水对植物水分利用策略的影响

土壤表层直接接触空气，受到光照、降水、温度、风力和植物根系等多种因素影响，因此土壤含水量处于不断波动状态。降水事件发生后表层最先接触降水，后降水随时间推移下渗，因此实验期间雨后土壤含水量垂直分布有显著差异，且最大含水量深度随时间推移发生变化。研究区蒸发较大，小降水后受蒸发影响土壤含水量下降较快，较大降水事件能对深层土壤水进行补充，深层土壤含水量能在短时间内保持稳定，但对于深层土壤水分的补充存在一定滞后性，即较大降水事件后表层土壤含水量显著较高，一段时间后深层土壤含水量显著才显著高于降水前。

降水前表层土壤水受蒸发作用影响，表层同位素富集，同位素 δD 值较大，随土壤深度加深呈现降低趋势。降水后土壤水受降水作用影响，表层土壤水同位素 δD 值向降水同位素 δD 值靠近。同时，由于雨水的季节性补给以及土壤表层水分的蒸发影响，土壤垂直剖面含水的氢同位素组成会出现梯度变化（吴骏恩等，2014），两次降水后各植物土壤水同位素 δD 值分布各异，四种植被恢复区各深度土壤含水量和同位素 δD 值变化复杂，但总体雨后各层同位素 δD 值随深度增加呈先增加后降低趋势。

一般情况下，植物在旱季表层土壤水分较低的情况下主要利用深层土壤水和地下水维持正常生长、生存，在有达到一定阈值的降水后转而吸收表层土壤水，在一定范围内降水与植物对降水的吸收利用率成正比。

（1）沙地柏在降水前主要利用 80～100 厘米处土壤水，第一次较小降水后主要利用 20～60 厘米处土壤水分；第二次降水后第 1 天主要利用 40～60 厘米土壤水及地下水，第 3 天 60～80 厘米为主要水分来源，后随时间逐渐上升。同时与他人的研究结果即在降水量较少时沙地柏的主要吸水由深层土壤向浅层土壤移动一致（张铁钢，2016）。通过比对沙地柏雨后土壤水同位素 δD 值变化，发现雨后不同时期沙地柏主要水分贡献率深度同位素 δD 值均高于其余土壤深度，表明植物对土壤水分的利用能影响该层的同位素分布。第一次小降水后至二次降水后第 1 天，土壤含水量最大值下一土层为水分贡献率最大值土层。如二次降水后第 1 天 20～40 厘米土壤含水量最大为 6.79%，

40～60厘米土壤水对沙地柏植物贡献率最大。二次降水第3天后土壤含水量最大值与水分贡献率最大值相一致。

（2）油蒿降水前主要利用表层0～20厘米土壤水，在第一次降水后主要水分来源下移至40～80厘米，第二次降水80～140厘米土壤水贡献率最大，后随时间推移逐渐增加土壤表层水利用。油蒿表层土壤根系较多，约有81%的粗根在土壤表层0～20厘米；79%的细根分布于0～30厘米（柳琳秀，2015），因此意味着油蒿能在较小降水事件中利用表层土壤水。但是，也有研究结果证实油蒿的吸水根主要分布于20～80厘米范围内（于晓娜等，2015），因此油蒿遇到较大降水事件时会优先利用深层土壤水（Cheng X. L. An S. Q, Li B. et al.，2016）。二次降水后第7天40～80厘米土壤含水量最大，但土壤表层0～40厘米水分贡献率最大，在此期间油蒿可能发生水分共享。水分共享是指植物体不同部位之间发生水资源交换的过程，提水作用则是水分共享的重要形式。已有研究表明油蒿能发生提水作用，当油蒿较深土层的水分含量高于较浅土层水分含量时，油蒿就可以通过根系将水分从含量相对较多的土层转移到相对较少的土层（何维明等，2001）。

（3）羊柴降水前主要利用60～140厘米土壤水，小降水（8.3毫米）过后增加对表层土壤水分利用，在较大降水（18.6毫米）后增加了较深层（60～80厘米）土壤水的利用率，并随时间推移主要水分来源深度逐渐上移。

（4）紫穗槐降水前主要利用100厘米以下深层土壤水，降水后主要水分利用来源深度逐渐上移，较小降水后主要水分利用深度上移至80厘米，再次降水后紫穗槐主要利用0～40厘米浅表层土壤水，后随时间推移逐渐增加深层土壤水利用，水分利用策略逐渐向降水前恢复。在降水前及首次降水第1天后紫穗槐主要水分来源深度土壤含水量均较低，雨后第3天主要水分来源土层含水量较高。四种人工植被恢复区土壤含水量及降水后水分主要利用来源表明灌木植物种类不同，水分来源有差异，但在降水后均不同程度增加了对表层土壤水的利用。同时也表明虽然植物根系贯穿于整个生长土壤剖面内，但并不是对于每个深度土壤水都能活跃吸收，植物根系吸收水分的位置经常由于外界的降水及其他刺激发生改变，所以根系分布的位置不一定代表该植物水分吸收的位置，植物吸水根的形态及分布对土壤水的吸收利用能影响土壤水同位素δD值的变化。

6.5 本章小结

通过对毛乌素沙地南缘固沙植物紫穗槐、油蒿、羊柴和沙地柏的生长季不同时期水分来源及对降水的响应，得出以下结论：

（1）在生长季不同阶段，实验所选 4 种固沙植被土壤含水量有显著差异。沙地柏生长季三个时期土壤含水量平均值分别为 1.59%、3.08%、2.45%；油蒿生长季三个时期土壤含水量平均值分别为 2.66%、3.06%、2.08%；羊柴三个时期土壤含水量平均值分别为 2.36%、2.48%、1.39%；紫穗槐三个时期土壤含水量平均值分别为 2.23%、2.67%、1.42%。均表现为生长旺季含水量显著高于生长季初期、末两期。生长季初期及生长旺季，土壤含水量随土层深度的增加表现出先升高后降低的趋势；生长季末期土壤含水量随着土层深度的增加变化不明显或有所减少。生长季同一阶段不同固沙植物恢复区土壤含水量有显著差异，生长季初期土壤含水量油蒿显著高于其他三种植物；生长旺季及生长季末期油蒿和沙地柏显著高于其他两种植物。

不同植物茎水同位素 δD 值有明显差异，受夏季降水影响，生长旺季植物茎同位素 δD 值低于其他两个生长时期。表层土壤水 δD 值较集中，随土壤深度加深 δD 值下降，且 δD 值差异较大。

对植物水分利用来源和比例的分析表明，生长季期间油蒿的水分利用来源主要为 0 ~ 40 厘米浅表层土壤水和 100 厘米以下土壤水及地下水。羊柴生长季初期和生长旺季和同时期油蒿水分利用来源较为一致；而生长季末期利用不同深度土壤水的比例较为平均。沙地柏生长季初期以 40 ~ 60 厘米土壤水为主要水分来源；生长旺季主要水分来源深度下移至 80 厘米以下；生长季末期水分来源较为平均。紫穗槐除生长旺季水分来源较为平均外，生长季初期、末期主要利用 80 厘米土层以下土壤水。四种固沙植物对 80 厘米以下土壤水均有不同程度利用，但紫穗槐和沙地柏主要利用深层土壤水；羊柴和油蒿对深层和浅层土壤水分均有利用。为避免固沙植物水分利用之间发生竞争，紫穗槐和沙地柏、油蒿和羊柴不宜混合搭配。

（2）降水后植被恢复区土壤含水量有显著增加，二次降水后第 7 天各层土壤水逐渐降低至与降水前无显著区别，降水后表层土壤水含量显著高于其他土层；深层土壤水受雨水下渗滞后性影响，降水几天后深层土壤水增加，显著高于表层及其他土层。

四种人工固沙植被土壤水同位素 δD 值降水前受富集作用影响均表现为同位素 δD 值表层高，随土壤深度增加逐渐降低，降水后 δD 值变化各异。植物茎水同位素 δD 值变化主要受降水及土壤水影响，每次降水后一段时间内植物茎水同位素组成会向最近一次降水同位素 δD 值变化。

降水后四种人工固沙植物水分利用策略发生不同程度改变。降水前油蒿主要利用 $0 \sim 60$ 厘米以上浅表层土壤水，利用率为 57.3%；其余三种植物主要以 60 厘米以下土壤水及地下水为主要水分来源，沙地柏 60 厘米以下土壤水利用率为 58.8%，羊柴为 76.9%，紫穗槐为 83.4%。降水后油蒿增加了对 40 厘米以下深层土壤水的利用，在土壤水恢复至降水前后转而利用表层土壤水；沙地柏、羊柴和紫穗槐雨后表层土壤水贡献率增加，紫穗槐主要利用 $0 \sim 40$ 厘米土壤水，雨后该层土壤水最大贡献率为 35.6%；沙地柏增加了 $40 \sim 60$ 厘米深度土壤水贡献率，最大值达到了 26.7%；羊柴在 $0 \sim 40$ 厘米浅表层土壤水贡献率增加的同时对地下水也有较高的利用率，$0 \sim 40$ 厘米土壤水贡献率最高达到 43.1%。两次降雨降水量不同，除紫穗槐外其他三种植物均在较小降水后增加了对表层土壤水的吸收；在较大降水后增加对较深层土壤水的吸收。

上述研究探究了毛乌素沙地南缘主要人工植被的水分来源研究及对降水的响应，探究成果将为优化固沙植被组合方式及建立稳定可持续防风固沙体系提供理论依据，同时为其他类似环境植物的研究提供参考，为促进改善土地荒漠化做出贡献。

第7章

鄂尔多斯高原 3 种固沙灌木水分利用效率时空变化特征

7.1 引 言

我国是世界上受沙化危害最为严重的国家之一（昝国盛等，2023）。长期以来，种植人工植被是减轻风沙危害和改善沙区生态环境的重要途径之一（李新荣等，2013）。除合理的种植密度之外，植物与局地自然环境条件，特别是与水分条件相适应是建设持续稳定的防风固沙植被体系的关键（Zhang L. et al.，2022）。因此，深入了解固沙植物对水分条件的适应性，对于提升防风固沙植被质量和稳定性具有重要意义。

植物水分利用效率（WUE）作为评价植物水分利用情况和生长适宜程度的重要指标（崔茜琳等，2022；朱教君，2013），是决定植物能否适应当地环境条件，是否能有效地平衡碳同化和水分耗散关系的关键要素之一（Lambers H. et al.，2019；黄甫昭等，2019）。植物碳同位素组成（$\delta^{13}C$）体现了一段时间内植物体内的碳累积量，可表征植物在一段时期内对水分利用以及水分胁迫的适应状况，往往与水分利用效率之间呈显著的正相关关系（Liu B. et al.，2017；Lloret F. et al.，2004），是研究植物水分利用效率的有效途径之一（Chen J. et al.，2011）。有研究表明，除植物自身生理生态特征的差异导致的水分利用效率的差异外（曹佳锐，2021），降水量、相对湿度和气温等外界环境因子也是影响植物水分利用效率的主要原因

（杨树烨等，2022）。在较大的空间尺度上，由于受地理位置和气候条件的影响，植物生长季降雨量、相对湿度和气温表现出明显的差异，进而导致植物水分利用效率的不同（杨凯悦，2019；樊金娟等，2012）。一般来说，随着降雨量的增加，$\delta^{13}C$偏低，植物水分利用效率较低；随着降雨量的减少，植物水分利用效率呈增加趋势（付秀东等，2021）。这是由于降雨量的减少必然导致空气湿度、土壤含水量的降低，造成植物所受水分胁迫程度的加剧。为了适应干旱环境，植物通过关闭部分气孔，调节气孔导度来提高水分利用效率（周咏春等，2019）。除水分条件外，气温也是控制植物水分利用效率的重要环境因子。有研究指出，植物水分利用效率与降水量和气温之间有阈值效应（Huang M. T. et al.，2016）。相比水分条件，气温对植物水分利用效率的影响有一定的争议。有研究指出，在适宜的范围内，气温的升高可以提高总初级生产力和蒸散发量，进而导致植物水分利用效率和$\delta^{13}C$的增加；而超过适宜气温，总初级生产力和蒸散发受到抑制，降低水分利用效率和$\delta^{13}C$。赵良菊等（2005）研究腾格里沙漠东南缘沙坡头地区人工固沙植被［细枝羊柴（*Corethrodendron scoparium*）、柠条锦鸡儿（*Caragana korshinskii*）和黑沙蒿（*Artemisia ordosica*）］水分利用策略时发现，气温是影响土壤水分和植物蒸散发的主要因素之一，从而影响了植物水分利用效率。任等（Ren S. J. et al.，2011）研究我国478种C_3植物的$\delta^{13}C$组成和水分利用效率的变化，认为叶片$\delta^{13}C$值随经度的变化规律不明显，但随纬度的增加，植物叶片$\delta^{13}C$值极显著地升高，且随年平均气温和年降水量的增加，水分利用效率显著降低。许等（Xu X. et al.，2017）在澳大利亚南部山区阳坡和阴坡植物水分利用效率的比较研究中发现，两个山体水分条件的差异没能解释植物水分利用效率的差异，而干燥度程度才是影响植物水分利用效率的主要因素。显然，影响植物水分利用效率的因素并非单一，可能是在特定区域内某种因素对某些植物发挥着主导作用。因此，基于特定的自然地理环境，探明不同类型植物水分利用效率及其影响因素仍然是科学评价植物对局地自然环境条件相适应的重要前提。

鄂尔多斯高原地处黄河"几"字弯，是我国北方生态安全屏障建设的重点区域，虽然经过近几十年的防沙治沙和植被生态修复，该地区植被盖度显著提高（张文军，2008），已成为我国乃至世界沙漠化土地治理成效的典范（许端阳等，2009），然而，在黄河流域生态保护和高质量发展的时代背景下，该地区人工植被的持久稳定性再次引起了社会各界的普遍关注（刘琳轲等，2021）。尽管相关学者围绕固沙植被恢复区土壤水分动态方面开展了大量的研究（安慧，安钰，2011；胡安焱等，2023），加深了对固沙植被稳定性的了解，但对不同类型固沙植物水分利用效率时空变化特征及其影响因素的认识比较有限。为此，分别在鄂尔多斯高原北部（达拉特旗）、中部（乌审旗）和南部（陕西靖边县）设置固定样地，自北向南形成自然的水热梯度，选择3个地区共有的固沙植物北沙柳（Salix psammophila）、柠条锦鸡儿和黑沙蒿，测定7~9月固沙植物叶片 $\delta^{13}C$ 组成，计算植物水分利用效率，分析固沙植物水分利用效率与气温、降水和干旱指数之间的关系，揭示不同类型固沙植物水分利用效率在水热梯度上响应差异，为区域植被建设和生态修复提供科学依据。

7.2　方　　法

7.2.1　研究区概况

鄂尔多斯高原西、北、东三部分被黄河河湾怀抱，东南部以古长城为界与黄土高原相接。地势中、西部高，东南部与北部低，沙区主要分布在中南部以及北部，即南部毛乌素沙地和北部库布齐沙漠，东部为黄土丘陵区，西部为低山丘陵与波状高平原。分别在鄂尔多斯高原北部（鄂尔多斯市达拉特旗境内）、中部（鄂尔多斯市乌审旗境内）和南部（陕西省榆林市靖边县境内）地区设置固定样地，形成自北向南的水热梯度（见图7-1）。3个地区基本的自然地理状况如表7-1所示。

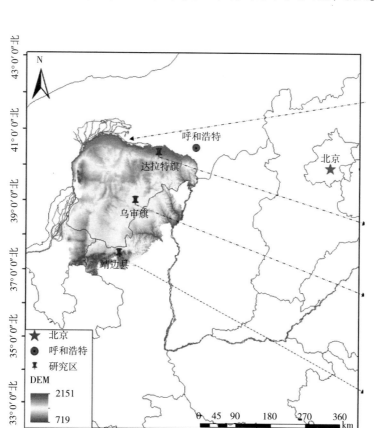

图7-1 研究区地理位置及固定样地分布

表7-1   研究区自然地理基本特征

特征	达拉特旗	乌审旗	靖边县
地理坐标	110.00°E，40.32°N	110°20′E，38.97°N	108.88°E，37.75°N
气候类型	温带大陆干旱与半干旱区季风气候	温带大陆半干旱区季风性气候	温带大陆半干旱区季风性气候
平均海拔（米）	1100	1300	1350
年降水（毫米）	311.4	351.4	394.7
年蒸发量（毫米）	2600	2500	2482.5
年平均气温（摄氏度）	6.1	6.8	7.8
年均干旱指数	10.18±4.10	8.75±3.30	7.22±2.02
土壤类型	风沙土、栗钙土、盐碱土、黏土等	栗钙土、草甸土、风沙土等	栗钙土、风沙土、棕钙土、灰钙土、黑垆土等

特征	达拉特旗	乌审旗	靖边县
野生植物	小叶杨、沙柳、山竹子、沙枣、沙棘等；优势种有黑沙蒿、塔落岩黄芪、沙蓬、狗尾草等	芨芨草、沙棘、猪毛菜、香青兰、怪柳、叉子圆柏；优势种有黑沙蒿、沙柳、针茅、中间锦鸡儿等	黑沙蒿、短花针茅、沙米、软毛虫实、旱圆竹、猪毛菜等；优势种有柠条锦鸡儿、山竹子、沙拐枣、沙鞭等

7.2.2 研究方法

（1）样品采集与测定。2022 年 7 ~ 9 月，分别在 3 个固定样地（丘间地）选择具有代表性的人工固沙植物——北沙柳、黑沙蒿和柠条锦鸡儿。在每个植物种群内，选择地形条件接近、长势良好的固沙植物各 3 株作为重复。采样时，选择晴朗天气在每株植物向阳中间部位各采集 20 ~ 30 片健康、完整、成熟叶片作为重复。具体采样时间为，达拉特旗：7 月 8 日、8 月 8 日和 9 月 8 日；乌审旗：7 月 18 日、8 月 19 日和 9 月 18 日；靖边县：7 月 16 日、8 月 18 日和 9 月 20 日。为了增加实验结果的可比性，采样时间统一被安排在每天 8：00 ~ 11：00，并确保每次采样前 3 ~ 5 天无明显的降雨过程。叶片采集之后及时用蒸馏水洗净、装入牛皮纸袋，尽快带回实验室置于 105℃ 烘干箱内杀青 20 分钟，随后 65℃ 烘干 24 小时至恒质量，再经球磨仪粉碎，过 80 目筛，并将粉末置于聚乙烯密封袋，常温保存。随后将样品置于元素分析仪（DELTA V Advantage, Thermo Fisher Scientific, IWaltham, USA）中高温燃烧后生成二氧化碳，用质谱仪通过检测二氧化碳的 ^{13}C 与 ^{12}C 比率，并与国际标准物（PDB）比对后计算出样品的 $\delta^{13}C$ 值。在不同类型植物（每种植物设 3 个重复）冠幅边缘地表选取 3 个采样点，用土钻每隔 20 厘米取一个土壤样品（共 5 个深度，每个土层 3 个平行），用烘干法测定土壤含水量。

（2）水分利用效率计算。植物叶片 $\delta^{13}C$ 值的测定以 PDB（Pee Dee Belemnite）为标准，根据式（7 - 1）计算：

$$\delta^{13}C_p = \frac{(^{13}C/^{12}C)_p - (^{13}C/^{12}C)_{PDB}}{(^{13}C/^{12}C)_{PDB}} \qquad (7-1)$$

式中，$\delta^{13}C_p$ 为样品（$^{13}C/^{12}C$）与标准样品偏离的千分率；（$^{13}C/^{12}C$）$_{PDB}$ 为标准物质 PDB 的（$^{13}C/^{12}C$）。

植物叶片稳定碳同位素分辨率 Δ 的计算方法为：

$$\Delta^{13}C = \frac{\delta^{13}C_a - \delta^{13}C_p}{1 + \delta^{13}C_p/1000} \quad\quad (7-2)$$

式中，$\delta^{13}C_p$ 和 $\delta^{13}C_a$ 分别为植物叶片和大气二氧化碳的碳同位素比率。

大气二氧化碳浓度（C_a）和碳同位素比率（$\delta^{13}C_a$）分别按以下公式计算：

$$C_a = 277.78 + 1.350\exp[0.01572(t-1740)] \quad\quad (7-3)$$

$$\delta^{13}C_a = -6.429 - 0.006\exp[0.0217(t-1740)] \quad\quad (7-4)$$

式中，t 为采样年份，$t = 2022$，代入式（7-3）、式（7-4），计算得到 C_a 为 391.43μmol·mol^{-1}、$\delta^{13}C_a$ 为 $-9.16‰$。

水分利用效率（WUE）通过 $\Delta^{13}C$ 与 C_a 之间的关系计算获得：

$$WUE = \frac{A}{g_s} = \frac{C_a - C_i}{1.6} = \frac{C_a(b - \Delta^{13}C)}{1.6(b - a)} \quad\quad (7-5)$$

式中，$a = 4.4$，是指二氧化碳进入气孔时的扩散分馏系数；$b = 27$，代表二氧化碳被 Rubisco 酶羧化过程中的分馏系数；C_i 为植物体内二氧化碳浓度（μmol·mol^{-1}），C_a 为大气二氧化碳浓度（μmol·mol^{-1}），根据式（7-3）计算；$\Delta^{13}C$ 为植物叶片稳定碳同位素分辨率；1.6 为水蒸气和二氧化碳在空气中的扩散比率。

（3）干旱指数（AI）的计算。干旱指数是表征一个地区干湿程度的综合性指标。最常用的计算方法为，年潜在蒸散发量与年降水量之比，即：

$$AI = \sum PET / \sum P \quad\quad (7-6)$$

式中，AI 为干旱指数；$\sum PET$ 为年潜在蒸发量（毫米）；$\sum P$ 为年降水量（毫米）。干旱指数越大，表示该区域气候越干燥；反之则代表该区域越湿润。潜在蒸发量和降雨数据是基于美国海洋和大气管理局（NOAA，national-al oceanic and atmospheric administration）官网下载获得（https：//www.ncei.

noaa. gov/maps//daily/），并按县级精度逐月选取 7～9 月的降雨量和潜在蒸发量数据。

（4）数据处理。同一类型固沙植物在不同地区（达拉特旗、乌审旗和靖边县）、不同月份（7～9 月）叶片 $\delta^{13}C$ 和水分利用效率之间的差异采用单因素方差分析比较。植物类型、地区和月份对固沙植物 $\delta^{13}C$ 和水分利用效率的影响采用多因素方差分析比较。方差分析时，首先进行正态分布以及方差齐性检验，若原假设正态分布并通过方差齐性检验，则采用最小显著差异（LSD）法进行多重比较；若原假设不成立，则用 TamhaneT2 法进行多重比较。利用线性回归分析方法分析不同类型植物水分利用效率与气温、降水量和 AI 之间的关系。所有的统计分析过程采用 SPSS 27.0 软件，绘图采用 Origin 2022 软件完成。

7.3 结 果

7.3.1 固沙植物叶片碳同位素组成（$\delta^{13}C$）时空变化

研究区 3 种固沙植物 7～9 月叶片 $\delta^{13}C$ 范围介于 -29.70‰～ -24.20‰，平均值为 -27.59‰ ±0.09‰（见表 7 -2）。其中北沙柳、黑沙蒿和柠条锦鸡儿叶片 $\delta^{13}C$ 平均值分别为 -27.27‰ ± 0.12‰、 -28.52‰ ± 0.08‰ 和 -27.00‰ ±0.17‰。在不同月份，黑沙蒿叶片 $\delta^{13}C$ 显著低于北沙柳和柠条锦鸡儿，且 7 月时 3 种固沙植物 $\delta^{13}C$ 值均显著高于 8～9 月 [见图 7 -2 （a）]。在水热梯度上，不同类型固沙植物叶片 $\delta^{13}C$ 表现出一定差异 [见图 7 -2 （b）]。在 3 个样地，黑沙蒿叶片 $\delta^{13}C$ 均显著低于北沙柳和柠条锦鸡儿；达拉特旗北沙柳叶片 $\delta^{13}C$ 显著低于柠条锦鸡儿；乌审旗北沙柳叶片 $\delta^{13}C$ 显著高于柠条锦鸡儿；而在靖边县北沙柳和柠条锦鸡儿叶片 $\delta^{13}C$ 差异不显著 [见图7 -2 （b）]。同一固沙植物在不同水热梯度上的表现为，北沙柳叶片 $\delta^{13}C$ 在 3 个样地间无显著差异；而达拉特旗黑沙蒿和柠条锦鸡儿叶片 $\delta^{13}C$ 值均显著高于乌审旗和靖边样地 [见图 7 -2 （b）]。多因素方差分析结果（见表 7 -3）表明，除月份和地点之间的交互作用对植物叶片 $\delta^{13}C$ 的影响不显著以外，其他因子均对植物叶

片 $\delta^{13}C$ 产生显著影响。其中，种类（贡献为 25.23%）和地点（贡献为 16.14%）对植物叶片 $\delta^{13}C$ 的影响最大；种类和空间的交互效应影响力达到 12.70%。

表 7-2　　**不同固沙灌丛 $\delta^{13}C$、水分利用效率均值、最大、**

最小值以及土壤含水量测定结果

样地	物种	$\delta^{13}C$ （‰）			水分利用效率（μmol·mol⁻¹）		
		平均值±标准差 Mean ± SE	最大值 Max	最小值 Min	平均值±标准差 Mean ± SE	最大值 Max	最小值 Min
达拉特旗	北沙柳	-27.14±0.29	-24.20	-29.10	73.44±2.59	99.95	55.74
	黑沙蒿	-28.16±0.27	-25.92	-29.48	64.27±2.43	84.47	52.30
	柠条锦鸡儿	-25.57±0.28	-24.74	-26.91	87.60±2.51	95.16	75.56
乌审旗	北沙柳	-27.11±0.51	-25.51	-28.34	73.74±4.59	88.23	62.67
	黑沙蒿	-28.73±0.27	-27.51	-29.60	59.10±2.42	70.16	51.26
	柠条锦鸡儿	-27.41±0.47	-25.82	-29.02	71.03±4.27	85.36	56.48
靖边县	北沙柳	-27.69±0.15	-26.98	-29.32	68.53±1.37	74.98	61.85
	黑沙蒿	-28.76±0.13	-27.97	-29.46	58.80±1.53	65.99	52.97
	柠条锦鸡儿	-27.92±0.56	-24.21	-29.70	66.41±5.16	79.89	50.30

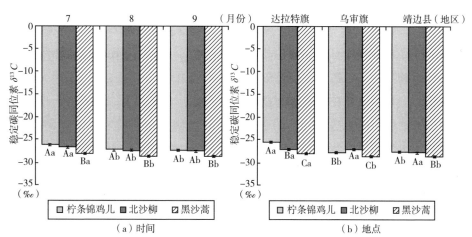

图 7-2　鄂尔多斯高原 3 种固沙灌木叶片碳同位素组成（$\delta^{13}C$）在时间

（a）和地点（b）上的变化特征（平均值±标准差）

注：不同大写字母表示不同物种间 $\delta^{13}C$ 差异显著（$P<0.05$）；不同小写字母表示同种固沙植物 $\delta^{13}C$ 在不同月份和不同地点间差异显著（$P<0.05$）。

表 7 – 3　　　　　　　种类、月份、地点对固沙植物叶片 $\delta^{13}C$ 影响的
多因素方差分析结果

影响因素	df	$\delta^{13}C$		影响因素分布值（%）
		F	P	
月份	2	7.041	0.001	9.00
地点	2	13.479	<0.001	16.14
种类	2	35.514	<0.001	25.23
月份×地点	4	2.126	0.079	1.20
月份×种类	4	2.781	0.028	1.56
地点×种类	4	22.679	<0.001	12.70
月份×地点×种类	8	3.894	<0.001	4.40

7.3.2　固沙植物水分利用效率（WUE）时空变化

7~9 月，北沙柳、黑沙蒿和柠条锦鸡儿水分利用效率介于 50.30 ~ 99.95 $\mu mol \cdot mol^{-1}$，平均值为 69.31 ± 0.77 $\mu mol \cdot mol^{-1}$（见表 7 – 2）。北沙柳、黑沙蒿和柠条锦鸡儿水分利用效率均值分别为 72.33 ± 1.05、60.96 ± 0.70、74.79 ± 1.50 $\mu mol \cdot mol^{-1}$。在不同月份，黑沙蒿水分利用效率均显著低于北沙柳和柠条锦鸡儿，且 7 月显著高于 8~9 月［见图 7 – 3（a）］。不同类型固沙植物水分利用效率在空间上也表现出一定差异［见图 7 – 3（b）］。同一类型固沙植物在不同水热梯度上的表现为，北沙柳水分利用效率无显著差异；达拉特旗黑沙蒿和柠条锦鸡儿水分利用效率则显著高于乌审旗和靖边县［见图 7 – 3（b）］。在同一地区，黑沙蒿水分利用效率显著低于北沙柳和柠条锦鸡儿；达拉特旗北沙柳显著低于柠条锦鸡儿；乌审旗北沙柳显著高于柠条锦鸡儿；靖边县北沙柳和柠条锦鸡儿无显著差异［见图 7 – 3（b）］。多因素方差分析结果表明，除月份和地点之间的交互作用对固沙植物水分利用效率无显著影响外，其他因子均对植物水分利用效率产生明显影响。其中，种类和地点对植物水分利用效率影响也是最大的（见表 7 – 4）。

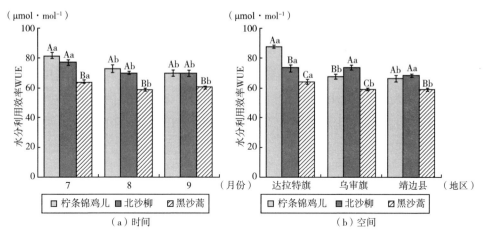

图7-3　固沙植物水分利用效率在不同时间（a）和空间（b）上的

变化特征（平均值±标准差）

注：不同大写字母表示不同物种间水分利用效率差异显著（$P < 0.05$）；不同小写字母表示同种固沙植物水分利用效率在不同月份和不同地点间差异显著（$P < 0.05$）。

表7-4　　　　　种类、月份、地点对固沙植物叶片水分利用效率

影响的多因素方差分析结果

影响因素	df	水分利用效率		影响因素分布值（%）
		F	P	
月份	2	7.120	0.001	9.00
地点	2	13.627	<0.001	16.15
种类	2	35.816	<0.001	25.26
月份×地点	4	2.129	0.079	1.20
月份×种类	4	2.772	0.028	1.55
地点×种类	4	22.667	<0.001	12.70
月份×地点×种类	8	3.892	<0.001	4.35

7.3.3　水分利用效率与AI之间的关系

线性回归分析结果表明，降雨显著影响了不同类型固沙植物水分利用效率，其中柠条锦鸡儿水分利用效率对降雨变化的响应较好；北沙柳次之；黑沙蒿最差［见图7-4（a）~（c）］；除柠条锦鸡儿水分利用效率与温度变化

之间的关系不显著之外［见图7-4（d）］，北沙柳和黑沙蒿水分利用效率与温度之间的关系均显著［见图7-4（e）、（f）］；除降雨和温度之外，干旱指数也显著影响了固沙植物水分利用效率，柠条锦鸡儿和黑沙蒿的水分利用效率随着 AI 指数的增加而增加［见图7-4（g）、（i）］，而沙柳水分利用效率随着 AI 的增加而呈减少趋势［见图7-4（h）］。不同类型固沙植物对温度、水分和干旱指数的变化表现出不同的响应。相较于北沙柳和黑沙蒿，柠条锦鸡儿对 AI 变化的响应更加敏感；而北沙柳对温度变化的响应更敏感。

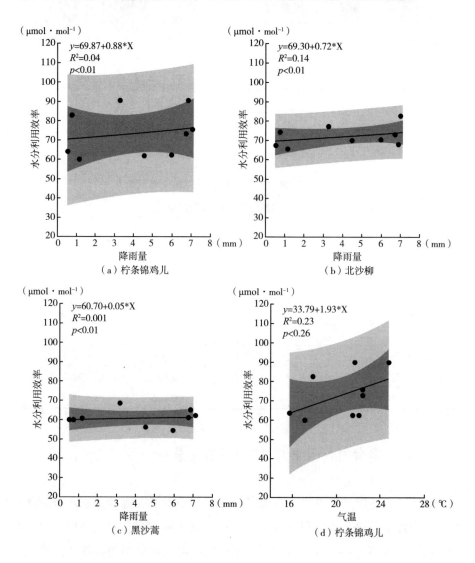

（a）柠条锦鸡儿　　（b）北沙柳

（c）黑沙蒿　　（d）柠条锦鸡儿

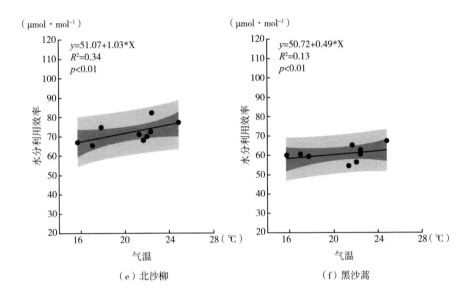

（e）北沙柳　　　　　　　　　　　　　　　　（f）黑沙蒿

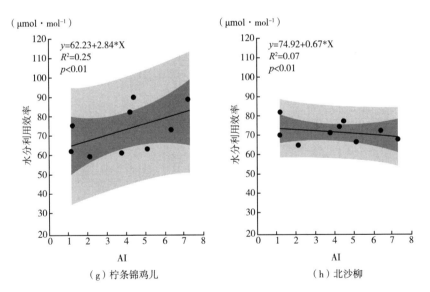

（g）柠条锦鸡儿　　　　　　　　　　　　　　（h）北沙柳

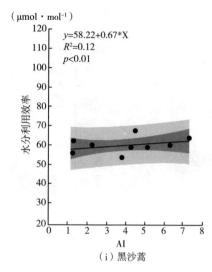

（μmol·mol⁻¹）

（i）黑沙蒿

图 7-4　不同类型固沙植物水分利用效率与气温、
降雨和 AI 之间的线性回归分析结果

7.4　讨　　论

　　植物叶片碳同位素组成在较大空间尺度上表现出明显差异。已有研究结果表明，不同气候带植物叶片 $\delta^{13}C$ 值随着纬度的增加呈增加的趋势，即热带地区植物叶片 $\delta^{13}C$ 值介于 $-32.10‰ \sim -31.60‰$，亚热带为 $-31.10‰ \sim -30.50‰$，温带为 $-29.50‰ \sim -26.20‰$。李等（2007）研究了中国各地植物叶片 $\delta^{13}C$ 值的空间变化特征，发现植物叶片 $\delta^{13}C$ 值随纬度的增加呈先升高后降低的趋势，且植物叶片 $\delta^{13}C$ 值的高值主要集中在黄土高原、青藏高原、新疆南部和内蒙古大部分地区。显然，植物叶片 $\delta^{13}C$ 值的变化不仅体现在较大空间尺度的差异上，也反映于较小尺度的高原地理单元的差异上。我们的研究结果发现，与大尺度的温带叶片 $\delta^{13}C$ 值相比，鄂尔多斯高原 3 种固沙植物 $\delta^{13}C$ 值介于 $-29.70‰ \sim -24.20‰$（平均值为 $-27.59‰ \pm 0.09‰$），与已有研究结果的低值接近。在鄂尔多斯高原风沙区，南北空间距离只有 370 千米，但即便是在较小的空间尺度上，不同类型固沙植物叶片 $\delta^{13}C$ 值由南向北也表现出增加的趋势（见图7-2），表明在不同水热梯度上，植物受到不同程度的干旱胁迫，从而体现在不同类型固沙植物叶片 $\delta^{13}C$ 组成的差异上。

　　植物叶片 $\delta^{13}C$ 值与水分利用效率之间的显著正相关关系已被广泛证实。从大陆不同地区植物水分利用效率变化来看，从热带至温带，植物水分利用效率随纬度的增加而呈上升趋势。孙等（2003）研究了中国不同地区银杏（*Ginkgo biloba*）水分利用效率，发现分布于亚热带地区的银杏水分利用效率比温暖地带明显降低，这一变化与纬度增加所导致的年均气温、年均降雨量的变化有关。与热带、亚热带地区相比，温带地区气温以及降雨量明显降低，植物采取了更加保守的水分利用策略，即通过增加水分利用效率来适应干旱缺水的环境。同降水一样，温度也是影响植物水分利用效率的重要气候因子，它通过一系列机制影响植物的碳同位素分馏（Sun B. et al.，2003），从而影响 $\delta^{13}C$ 值和水分利用效率。但是，因为不同类型植物有不同的光合最适温度（曹生奎等，2009），水分利用效率与温度之间的关系较复杂（Li M. X. et al.，2017）。植物水分利用效率与温度可能呈正相关（冯虎元等，2003）、负相关（Zheng S. X. et al.，2007）或者没有相关（Gebrekirstos A. et al.，2009）。刘贤赵等（2014）研究了陆生植物 $\delta^{13}C$ 组成对气候变化的响应，发现温度升高会导致土壤水分蒸发过程增强，从而土壤可利用水分的量减少，植物 $\delta^{13}C$ 增大。科尔纳等（Körner C. et al.，1991）从解剖学和生理学角度对植物 $\delta^{13}C$ 与温度的负相关关系进行了解释，认为植物为适应低温生长环境会发生叶片形态的改变，如增大叶片厚度，从而栅栏组织厚度增大，影响了二氧化碳的扩散和固定，气孔导度减小，导致 Ci/Ca 降低，进而使得植物 $\delta^{13}C$ 增大。科万（Cowan I. R.，1982）的研究结果证实，植物为了适应缺水环境而使自己的水分利用效率保持最佳状态，即气孔导度对植物在得到二氧化碳和失去水分的调节中符合最优控制的原则。在这个过程中，温度可以直接影响气孔导度以及二氧化碳同化，从而改变碳同位素的分馏（Francey R. I. et al.，1985），进而影响植物水分利用效率。我们的研究结果发现，在鄂尔多斯高原不同水热梯度上，不同类型固沙植物水分利用效率发生不同程度的变化与之响应（见图7-3），表明即便是在较小的空间尺度上，不同类型固沙植物也表现出完全不同的水分利用特征，即随着干旱梯度的增加，植物采取了更加保守的水分利用方式，而这一差异也体现在不同类型固沙植物之间（见图7-3）。

　　水分利用效率是综合反映植物所受干旱胁迫程度的一个重要指标。在植物的不同生长阶段，由于外界条件的变化和植物自身生长发育程度的变化，植物的生理活性不同，导致不同类型固沙植物水分利用效率也有所差异（赵良菊等，2005）。在本书研究中，固沙植物水分利用效率的空间差异可以用其所处的自然环境条件加以解释。地处鄂尔多斯高原南端的靖边县年均降雨量较为丰富（394.7毫米），干旱指数较低（见表7-1），植物水分利用效率相对较低；而地处鄂尔多斯高原北端的达拉特旗年均降雨量较低（311.4毫米），干旱指数较高（见表7-1）。植物为了适应更加干旱的环境，必须提高其水分利用效率才能维持其自身的生长，导致植物水分利用效率的差异［见图7-3（b）］。胡海英等（2019）对宁夏荒漠草原典型群落降雨前后水分利用效率的研究发现，蒙古冰草（*Agropyron mongolicum*）和牛枝子（*Lespedeza potaninii*）在干旱缺水条件下往往表现出较高的水分利用效率；而在湿润条件下，这些植物会通过挥霍形式降低水分利用效率，从而保持较高的生产力。当干旱胁迫增强时，植物通过关闭部分气孔来减弱植物蒸腾，即减少气孔间隙和大气二氧化碳（Ca）的交换，降低细胞间二氧化碳的浓度（Ci），使 Ci/Ca 减小，从而提高植物水分利用效率。根据莫尔克罗夫特等（Morecroft M. et al.，1992）的研究，植物水分利用效率（$\delta^{13}C$）随温度的增加而增加可能是由于气孔导度的减小和厚表皮较高的内部阻力所致，当周围环境温度在光合作用最佳温度以下变化时，植物水分利用效率随周围环境温度的升高而增加；反之则相反。因此，在光合作用最佳温度以内，温度的升高可直接影响植物蒸腾以及土壤蒸发，导致植物所受干旱胁迫加重，即 AI 增高，进而影响植物水分利用效率。王丽霞等（2006）从中国秦岭到蒙古国北部接近贝加尔湖地区这一自然地理区划明显的南北断面，测定了3种 C_3 植物 $\delta^{13}C$ 值。结果表明，在中东亚干旱和半干旱地区，C_3 植物 $\delta^{13}C$ 值和水分利用效率在空间上的递变是由年均降水量、干旱指数等在空间上的递变决定的，年均降水量和干旱指数是影响 C_3 植物水分利用效率（$\delta^{13}C$）的决定气候因子；而年均温度只是影响 C_3 植物 $\delta^{13}C$ 和水分利用效率空间递变的一个次要气候因子。从我们的研究结果来看，鄂尔多斯高原从南到北，3种固沙植物水分利用效率与 AI 的相关性均达到显著水平（见图 7-4）。随着 AI 指数的增加，柠条锦鸡儿和黑沙蒿水分利用效率呈上升趋势；而北沙柳则是呈降低趋势［见图 7-4（g）、（h）和（i）］。其中，柠条锦鸡儿水分利用效率对 AI 的敏感性高于其他两种固沙植物。可见，与黑沙蒿和北沙柳相比，柠条锦鸡儿在鄂尔多斯高原风沙区水热梯度上表现出更高的适应能力；另外，本书结果还证实（见图 7-4），即便是在较小的空间尺度上，不同类型固沙植物水分利用效率与 AI 之间表现出较好的相关性，并达到显著水平，表明 AI 不仅是植物所受干旱胁迫程度的综合性指标，也是反映植物水分利用效率的关键因子。因此，不同类型固沙植物水分利用效率对 AI 变化的响应差异可能是不同类型固沙植物维持群落稳定性和适应变化环境的重要机制。

7.5　本章小结

鄂尔多斯高原 3 种固沙植物叶片 $\delta^{13}C$ 组成和水分利用效率均表现出明显的时空差异。在不同类型之间，柠条锦鸡儿叶片 $\delta^{13}C$ 组成和水分利用效率呈最高，黑沙蒿则最低；7 月 3 种固沙植物 $\delta^{13}C$ 组成和水分利用效率显著高于 8~9 月。在不同空间上，北沙柳 $\delta^{13}C$ 组成和水分利用效率随着 AI 的增加无显著差异；而 AI 值最高时，柠条锦鸡儿和黑沙蒿 $\delta^{13}C$ 组成和水分利用效率显著高于其他两个地区（$P < 0.05$）。回归分析结果表明，除温度变化对柠条锦鸡儿水分利用效率无显著影响外，不同类型固沙植物水分利用效率受温度、降雨和 AI 的显著影响。其中，柠条锦鸡儿水分利用效率对 AI 变化的响应最敏感；北沙柳对温度变化的响应较为敏感；而黑沙蒿水分利用效率对以上环境因子变化的响应较为平稳。固沙植物柠条锦鸡儿在鄂尔多斯高原风沙区水热梯度上表现出更加灵活的水分利用策略。

第 8 章

毛乌素沙地南缘固沙灌丛下地表凝结水特征

8.1 引 言

土壤凝结水是指地表温度达到露点温度时，大气和土壤孔隙中的水汽由气态水凝结而成的液态水（郭占荣等，2005）。虽然个体高大的维管束植物对凝结水的直接利用价值有限（Pan Y. X. et al.，2010），但它却是干旱生态系统微生物、藻类、地衣、苔藓和昆虫等微小生物体和浅根植物赖以生存的必要水分来源（Kidron G. J.，2005；Kidron G. J. et al.，2017；2019；Comanns P. et al.，2016；Pan Z. et al.，2016；郭占荣等，1999）。地表日凝结水量虽然不多，但其形成十分普遍，且因其累积量相当可观而被广泛关注。有研究结果表明，凝结水的累积量在同一地区年降水量中所占的比重最高可达 26%（Beysens D. et al.，2007），是干旱地区除降雨之外最主要的水分补给来源之一。因此，摸清凝结水的时空分布特征对全面而深入地了解区域水分循环和地表生物地球化学循环过程具有重要的意义。在水分极度匮乏的干旱沙区，相关研究显得尤为必要。

由于地表凝结水的普遍性和重要性，对其形成和蒸发过程的研究也引起了国内外学者的广泛关注（尹瑞平等，2013；Kidron G. J.，2010；Agam N. et al.，2006；Li S. L. et al.，2021；Pan Y. X. et al.，2014；Zhang J. et al.，2009；成龙等，2018；潘颜霞等，2022；杨路明，2016），相关研究也集中在凝结水的时空差异（Pan Y. X. et al.，2018；侯新伟等，2010）及其影响因素等方面。如基德隆（Kidron）采用布板法，选择表面光滑、粗糙的玻璃和颜色深浅不同的鹅卵石作为凝结水收集表面，通过改变放置位置和遮阴条件等处理，研究了凝结水的形成过程，发现下垫面性质、大小、位置、遮阴条件都会影响凝结水的形成，并指出表面光滑、面积较大、距地面较高等处理均会增加地表凝结水量，而遮阴、靠近障碍物等处理会降低地表凝结水量（Kidron G. J.，2010）。土壤作为自然条件下水分凝结的表面，其性质差异及有无结皮覆盖也会对凝结水的形成过程产生重要的影响（王积强，1993；冯起等，1995）。如干燥的土壤导热率更低，地面不易从深层土壤获得热量，导致地表温度迅速下降（冯起等，1995），并且干燥的土壤在夜间温度降低时对空气中的水分吸附作用更强（潘颜霞，2010），有利于凝结水形成。对裸沙和不同类型生物土壤结皮覆盖地表凝结水形成和蒸发特征的观测结果表明，与裸沙相比，生物土壤结皮的覆盖显著增加了地表凝结水量，且生物土壤结皮表面凝结水量随着结皮发育程度的增加而增加（Zhang L. et al.，2009；潘颜霞，2010；张静等，2009；李胜龙等，2020）。除此之外，地表凝结水的时空差异与气象条件的变化密切相关，如风速、空气温度、地表温度和大气以及地表温度差的变化均对地表凝结水的形成过程产生重要的影响（尹瑞平等，2013；成龙等，2019；李玉灵等，2008）。

　　除下垫面条件和气象条件之外，海拔高度（Kidron G. J.，1999）和地形起伏（Kidron G. J.，2005；潘颜霞等，2014）也会对地表凝结水的形成过程产生重要的影响。研究表明，随着海拔高度增加，地表凝结水量随之增加（Kidron G. J.，1999）。地形特征对凝结水影响的研究结果表明，地形起伏越大，即坡度越大，凝结水量越小。同时坡向的差异也会影响凝结水量，西坡和北坡凝结水量较高；而南坡和东坡凝结水量较低。除地形起伏等空间差异对地表凝结水的形成过程产生影响之外，植物群落的特征也对地表凝结水的形成过程产生重要的影响。植物高度会影响地表凝结水的形成。对科尔沁沙地不同类型植被对凝结水形成过程的研究结果表明，与高大的樟子松群落相比，农田群落形成的凝结水量更高，即低矮的植物群落更有利于地表凝结水的形成（刘新平等，2009）。对毛乌素沙地植物群落对地表凝结水量影响的研究表明，臭柏群落地表凝结水量最大，油蒿群落次之，裸沙最少，沙地植被的覆盖改变了近地面空气温湿度,有利于地表凝结水的形成(钱连红等,2009)。此外,植被的生长状态也会影响凝结水的形成。有研究结果表明,凝结水量会随着农作物的生长而增加;而在农作物收获后,凝结水量迅速减少(Xiao H.,2009)。沙坡头地区人工固沙灌丛区地表凝结水形成特征的研究表明,灌木林会拦截空气中的水汽向下运移,导致冠层下地表凝结水量的减少(Pan Y. X. et al.,2014;2018),且不同类型固沙植物冠层下地表凝结水量有所不同,甚至在同一个植物群落不同高度上地表凝结水也表现出一定的差异,即随着垂直高度的增加,凝结水量也随之增加。显然,植物类型和形态特征的差异也是影响地表凝结水时空分布差异的重要因素,但相关研究目前仍然较为薄弱。

毛乌素沙地是我国四大沙地之一,是多层次的生态过渡带(张新时,1994)。随着近几十年的防沙治沙和植被生态修复,沙丘表面广泛发育了人工固沙植被(王博等,2007),被誉为"灌木的王国"。随着相关研究的不断深入,该地区地表凝结水形成和蒸发过程的相关研究也引起了广泛关注,但相关研究结果多局限在不同类型地表凝结水的形成规律(侯新伟等,2010)、水汽来源(李洪波等,2010)、影响因素(钱连红等,2009;张晓影等,2008;Sun Y. L. et al.,2008;李洪波,2010)及生态效应(潘颜霞等,2022;杜子洋等,2021;Kidron G. J. et al.,2013;Temina M. et al.,2011;Chávez – Sahagún E. et al.,2019;康跃虎等,1992)等方面,而有关不同类型固沙灌丛影响下地表凝结水形成和蒸发过程时空差异的研究仍缺乏系统的报道,研究现状与该地区广泛分布的人工固沙灌丛和普遍发生的水分凝结现象相比是极不对称的。为此,选择毛乌素沙地南缘沙区不同类型的人工固沙灌丛,观测固沙灌丛影响下地表凝结水的形成和蒸发过程,分析地表凝结水与气象因子之间的关系,探明固沙灌丛下地表凝结水的时空变化规律及其原因,为准确评价固沙灌丛对地表微环境的影响提供科学依据。

8.2 研究区与研究方法

8.2.1 研究区概况

研究区位于毛乌素沙地南缘[见图 8 – 1(a)],是鄂尔多斯高原向黄土高原的过渡区，行政区划上隶属于陕西省榆林市靖边县海则滩乡（37°46′ N，108°53′E），海拔 1300 米，属于温带大陆性半干旱季风气候，表现为昼夜温差较大，雨热同期的特点。研究区多年平均气温8.4℃，多年平均降水量 381.4 毫米，主要集中在 7 ~ 9 月。降水变率较大，最大降水量达 744.6 毫米（1964 年），最小降水量仅 205 毫米（1965 年）。研究区多年平均蒸发量为 2484.5 毫米，为多年平均降水量的 6.32 倍（吴永胜等，2018）。研究区地表景观呈流动、半固定、固定沙丘和湖盆滩地相间的分布格局，沙丘沉积物机械组成以细沙为主，中沙次之（黄甫昭等，2019）。研究区主要的天然植物有油蒿（*Artemisia ordosica*）、沙米（*Agriophylium squarrosum*）、软毛虫实（*Corispermum puberulum*）、沙竹（*Psammochloa villosa*）等。随着近几十年的飞播造林和植被生态修复，研究区植被盖度显著提高，沙丘表面定植了大面积的人工植被，主要有油蒿、沙柳（*Salix psammophlia*）、柠条（*Caragana korshinskii*）、小叶杨（*Populus simonii*）、羊柴（*Hedysarum mongdicum*）、紫穗槐（*Amorpha fruticosa*）和沙地柏（*Sabina vulgaris*）等。

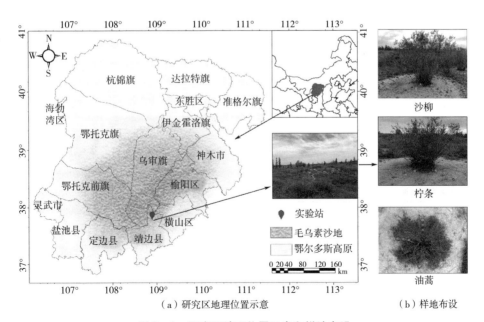

（a）研究区地理位置示意　　　　（b）样地布设

图 8-1　研究区地理位置示意和样地布设

8.2.2 研究方法

（1）试验设计。设置样地时，在研究区选择植被发育良好、地形差异较小的典型样地，选择具有代表性的柠条、沙柳和油蒿各3株作为重复。所选的目标植物空间距离和形态结构尽量接近，尚不能满足要求时可采取适度的修剪等处理，使同一种植物不同个体之间的差异尽量接近。所选目标植物的基本特征如表8-1所示。确定目标灌丛植物后，在每株灌丛下分别设置东（E）、南（S）、西（W）和北（N）4个方向，并在每个方向上设置灌木根部（r）、1/2的冠幅（米）和冠幅外围（p）3个观测点，并布设自制微型蒸渗仪 [见图8-1（b）]。另外，在观测点附近，选择无固沙灌丛影响的空旷区域，设置3个裸沙样品作为对照。为降低因样品过多，测量时间过长而导致的实验误差，在各目标植物观测点中心位置搭建简易帐篷，降低样品搬运距离的同时避免微风对观测结果产生的影响。此外，制作托盘（可容纳12~15个样品），以缩短在样品搬运过程中所需的时间。

表8-1 研究区不同类型固沙灌丛基本特征

指标	灌丛类型		
	沙柳	柠条	油蒿
平均直径（厘米）	333 ±9	299 ±16	98 ±4
平均高度（厘米）	259 ±6	216 ±10	50 ±2
平均一级枝条数（枝）	119 ±9	77 ±2	47 ±2
平均投影面积（平方米）	8.7 ±0.5	7.2 ±1.0	0.8 ±0.1
平均一级枝条直径（毫米）	9.4 ±0.8	14.7 ±0.2	4.8 ±0.2
一级枝条与地面夹角（度）	55 ±2	55 ±1	33 ±1

地表凝结水的观测至今没有国际通用的方法。考虑当前微型蒸渗仪因其测量结果可靠，且能够连续观测等优点，本书也采用该方法。本书所采用的微型蒸渗仪由直径7.5厘米、高10厘米的PVC管制成，底部采用250目的金属筛网封底，内填裸沙（过50目筛滤出细根和枯落物等），保证蒸渗仪中的裸沙不会有外漏，且与外界保持水汽交换。蒸渗仪内填埋裸沙后，将其置于预先埋设好的直径为9厘米的外管内。布设蒸渗仪时，外管上边缘高出地面

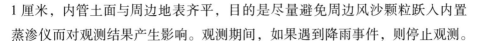

1 厘米，内管土面与周边地表齐平，目的是尽量避免周边风沙颗粒跃入内置蒸渗仪而对观测结果产生影响。观测期间，如果遇到降雨事件，则停止观测。

（2）测定方法。试验观测是在 2021 年 7～9 月展开。地表凝结水的观测采用精度为 0.01 克的电子天平，通过早晚（19 点和次日早晨 7 点）各称重一次蒸渗仪的方法实现，即两次称重的重量差值视为当天地表凝结水形成的量。称重时，用干毛巾把蒸渗仪周边擦拭干净，以避免蒸渗仪底部粘有沙粒等细颗粒物和侧壁上形成的凝结水对观测结果的影响。为探明凝结水的形成和蒸发过程，本试验选择 2021 年 9 月 27～29 日对蒸渗仪重量变化进行加密观测，即每隔 2 小时对其测定一次。同时用精度为 0.5℃ 的直角温度计测量各观测点 0～5 厘米层土壤温度。同时通过自动气象站（距观测点约 1 公里）获取观测期间地表温度、空气温度、相对湿度和风速等逐小时气象数据。

（3）分析方法。地表凝结水量用蒸渗仪重量之差表示。蒸渗仪重量增加时视为形成了凝结水，重量减少时视为水分从地表蒸发。最后将以质量表示的凝结水量转换成以高度表示的凝结水量，具体转换公式为：

$$H = 10m/\rho\pi r^2 \tag{8-1}$$

式中，H 为凝结水量（毫米）；m 为微型蒸渗仪的重量差（克）；r 为微型蒸渗仪半径（厘米）；ρ 为水的密度（千克/立方米）。

对不同类型灌丛的不同方向和不同位置日凝结水数据进行平均（$n=36$），作为该种灌丛下地表日凝结水量。求同一方向不同位置凝结水观测结果的平均值（$n=9$），作为该方向的地表凝结水量。求同一位置不同方向上凝结水观测结果的平均值（$n=12$），作为该位置的地表凝结水量。文中所有数据均以平均值 ± 标准差表示。不同类型固沙灌丛影响下地表凝结水总量之间的差异、同一类型灌丛下不同位置和不同方向之间的差异采用单因素方差分析方法，并经过 LSD 检验；灌丛类型、不同方向和不同位置对地表凝结水量的影响采用多因素方差分析方法；地表凝结水量与气象因素之间的关系分析采用 Pearson 相关分析法。所有原始数据处理使用 Microsoft Excel 软件，制图用 Origin 2018 软件，统计分析采用 SPSS Statistics 25 软件。

8.3 结果与分析

8.3.1 地表凝结水的日变化特征

试验期间共观测了 23 次凝结水。除降雨天气以外，几乎每天都能观测到凝结水，且对照和固沙灌丛下地表日凝结水量之间的差异较大（见图 8-2）。地表日均凝结水量和累计凝结水量之间也表现出较大差异，其值由大到小依次表现为对照 0.127 毫米和 2.921 毫米；沙柳 0.090 毫米和 2.074 毫米；油

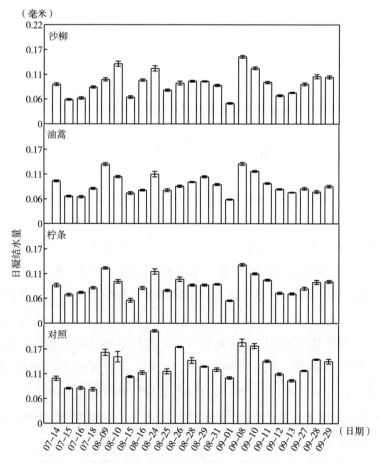

图 8-2 观测期间不同类型固沙灌丛及对照日凝结水量的变化

蒿 0.087 毫米和 1.991 毫米；柠条 0.085 毫米和 1.961 毫米（见图 8 - 3）。与对照相比，沙柳、油蒿和柠条下地表凝结水量分别减少了 29%、32% 和 33%。方差分析结果表明，对照处理日均凝结水量和累计凝结水量均显著高于固沙灌丛影响区，但不同类型固沙灌丛之间地表日均凝结水量和累积凝结水量之间差异不显著（见图 8 - 3）。

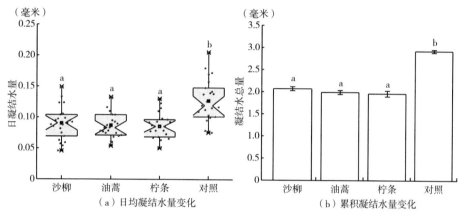

图 8 - 3 观测期间不同类型固沙灌丛及对照日均凝结水量变化和累积凝结水量变化

注：不同小写字母代表不同处理间地表凝结水量在 0.05 水平上的显著性差异。

8.3.2 固沙灌丛下不同位置地表凝结水的变化特征

不同类型固沙灌丛影响下，地表凝结水的时空分布特征有差异（见图 8 - 4），地表凝结水整体上从灌丛根部向灌丛外围呈增加趋势，即靠近灌丛根部区地表凝结水量最少；1/2 冠幅处次之；灌丛冠幅外围地表凝结水量最大（见图 8 - 4）。在不同方向上，地表凝结水也表现出一定的差异，整体上表现为东侧凝结水量偏小；西侧和南侧凝结水量相对较高（见图 8 - 5）。进一步分析结果表明，各固沙灌丛下不同位置地表累计凝结水量之间差异显著（$P < 0.05$）；而不同方向上地表累计凝结水量之间的差异不显著（见图 8 - 6）。多因素方差分析结果表明，灌丛类型和不同方向对地表凝结水量的影响较有限；而灌丛下不同位置对地表凝结水量的影响显著（$P < 0.05$，见表 8 - 2）。

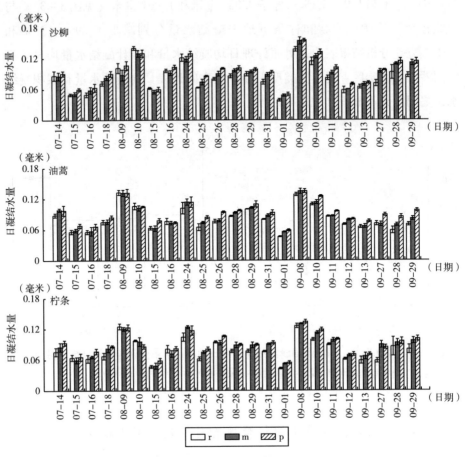

图 8-4 不同类型固沙灌丛影响下地表凝结水在不同位置上的日变化

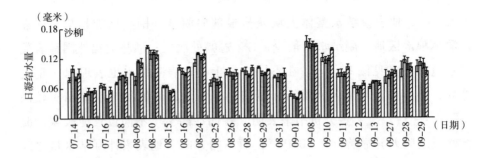

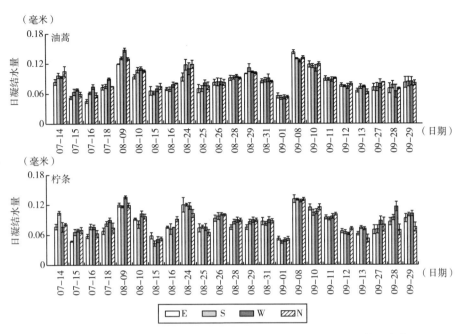

图 8-5 不同类型固沙灌丛影响下地表凝结水在不同方向上的日变化

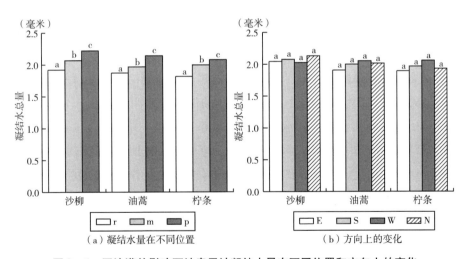

图 8-6 固沙灌丛影响下地表累计凝结水量在不同位置和方向上的变化

注：不同小写字母代表地表凝结水总量在0.05水平上的显著性差异；相同小写字母代表地表凝结水总量在0.05水平上差异不显著。

表8-2　　　　　　灌丛类型、方向、位置及其交互作用对地表凝结水
影响的多因素方差分析结果

项目	自由度（df）	F	P 值
灌丛类型	2	2.665	0.070
方向	3	1.137	0.333
位置	2	15.723	**0.000**
灌丛类型×方向	6	0.484	0.820
灌丛类型×位置	4	0.193	0.942
方向×位置	6	0.218	0.971
灌丛类型×方向×位置	12	0.133	1.000

注：表中加粗数字表示该因素对地表凝结水的影响在0.05水平上的显著性。

8.3.3　地表凝结水的形成和蒸发过程

凝结水自19：00开始形成，到次日8：00时达到最高点，随后开始蒸发（见图8-7）。灌丛植物的存在减少了地表凝结水量，改变了水分凝结过程。对照地表凝结水形成速率快，固沙灌丛影响下地表凝结水的形成过程变缓，且不同类型固沙灌丛下地表凝结水的形成和蒸发过程有差异。以图8-7（a）为例，凝结水自19：00开始形成，其形成速率表现为对照处理最大，柠条和沙柳次之，油蒿最小；在23：00~1：00时，地表凝结水的形成过程变缓，与对照处理相比，固沙灌丛下地表凝结水的形成速率明显降低，不同类型固沙灌丛下地表凝结水的形成速率表现为沙柳＞柠条＞油蒿；从1：00开始，地表凝结水形成速率加快，至3：00~5：00时，各样地地表凝结水形成过程的差异进一步加大，即除对照处理和沙柳样地地表凝结水继续形成以外，柠条和油蒿样地地表凝结水甚至还有少量蒸发且油蒿的地表蒸发量略高于柠条；自5：00开始，地表凝结水继续加快形成，至7：00~8：00时，各样地地表凝结水量达到其峰值。自8：00开始，夜间形成的凝结水开始蒸发。8：00~10：00，对照处理地表凝结水蒸发速率最大，沙柳与柠条居中，而油蒿蒸发速率最小，夜间形成的地表凝结水持续至13：00~15：00时基本蒸发殆尽。与对照相比，固沙灌丛影响下，地表凝结水的形成和蒸发过程变得缓慢，表明固沙灌丛的存在一定程度上减缓了水分凝结和蒸发过程。

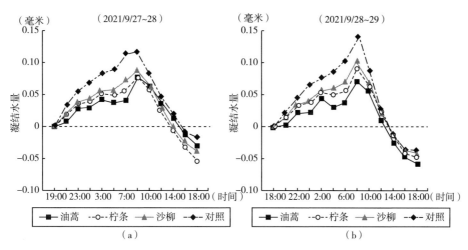

图8-7 对照及不同类型固沙灌丛影响下地表凝结水的形成和蒸发过程

8.3.4 地表微气象因子的变化及其与凝结水形成和蒸发过程之间的关系

固沙灌丛影响下在不同位置和不同方向上地表温度表现出一定差异（见图8-8）。在夜间，沙柳和柠条下不同位置地表温度基本表现为由根部到冠幅外缘递减，油蒿下不同位置地表温度由高到低基本表现为：根部 > 冠幅外缘 > 冠幅1/2处；午时，油蒿和柠条下不同位置地表温度表现为由根部到冠

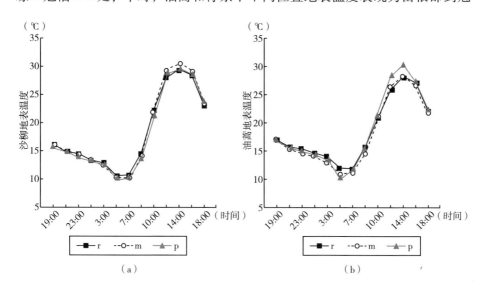

幅外缘递增，沙柳灌丛下不同位置地表温度表现为：冠幅 1/2 处 > 冠幅外缘 > 根部 [见图 8 - 8 （a）～（c）]；而在不同方向上地表温度则波动较大，没有呈现出明显的规律 [见图 8 - 8 （d）～（f）]。

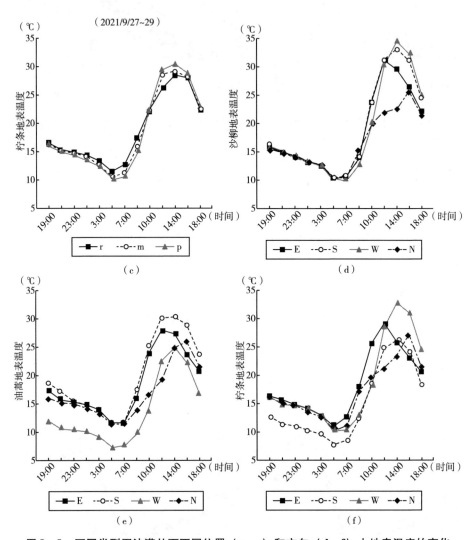

图 8 - 8　不同类型固沙灌丛下不同位置（a～c）和方向（d～f）上地表温度的变化

地表凝结水的形成与蒸发过程与大气温度和地表温度呈显著负相关关系；与大气相对湿度和空气地表温度差呈显著正相关关系；与风速之间的相关性不显著（见表 8 - 3）。夜间空气温度开始降低，到次日 6：00 ～

7：00 时达到最低，不同类型固沙灌丛下地表凝结水量开始增加，到次日8：00 左右达到最大。随着太阳辐射的增加，空气温度开始升高，夜间形成的地表凝结水开始蒸发［见图 8 - 9（a）］。与空气温度相比，空气相对湿度的变化趋势波动较大，自 19：00 开始空气相对湿度增加，凝结水开始形成，到凌晨 1：00 ~ 2：00 和 4：00 ~ 5：00 空气相对湿度出现降低的现象，地表凝结水量也随之下降，至 7：00 左右空气相对湿度达到其最大值，随后开始迅速降低，地表形成的凝结水也开始蒸发［见图 8 - 9（b）］。地表温度的变化趋势与空气温度的变化趋势基本同步，19：00 开始地表温度降低，到次日 6：00 时，地表温度达到其最小值，凝结水也达到其最大值。随着地表温度的增加，夜间形成的凝结水开始蒸发［见图 8 - 9（c）］。凝结水形成过程与风速变化之间的关系不明显［见图 8 - 9（d）］。空气地表温度差与地表凝结水量变化之间的分析结果表明，空气地表温度差与凝结水的变化趋势基本一致，但前者变化比后者略提前［见图 8 - 9（e）］。对照处理及不同类型固沙灌丛下地表温度的监测结果表明，对照处理地表温度始终高于固沙灌丛影响区，且白天不同类型固沙灌丛影响下地表温度由高到低依次表现为沙柳、柠条和油蒿，夜间油蒿样地地表温度则高于其他固沙灌丛影响区［见图 8 - 9（f）］。在凝结水的形成和蒸发过程中，与对照相比，固沙灌丛区地表温度与空气温度之间的差异在白天减小，在夜间略微增大［见图 8 - 9（f）］。

表 8 - 3　　　　　　地表凝结水量与气象因子之间的相关性分析结果

项目	对照凝结水量	沙柳凝结水量	柠条凝结水量	油蒿凝结水量
大气温度	**- 0.783 ****	**- 0.800 ****	**- 0.786 ****	**- 0.743 ****
相对湿度	**0.803 ****	**0.786 ****	**0.763 ****	**0.702 ****
风速	- 0.143	- 0.131	- 0.095	- 0.019
对照地表温度	**- 0.852 ****	**- 0.861 ****	**- 0.845 ****	**- 0.778 ****
空气地表温度差	**0.803 ****	**0.801 ****	**0.785 ****	**0.699 ****

注：** 代表在 0.01 水平上的显著性（双尾）；表中加粗数字表示气象因子与地表凝结水之间的相关性在 0.01 水平上的显著性。

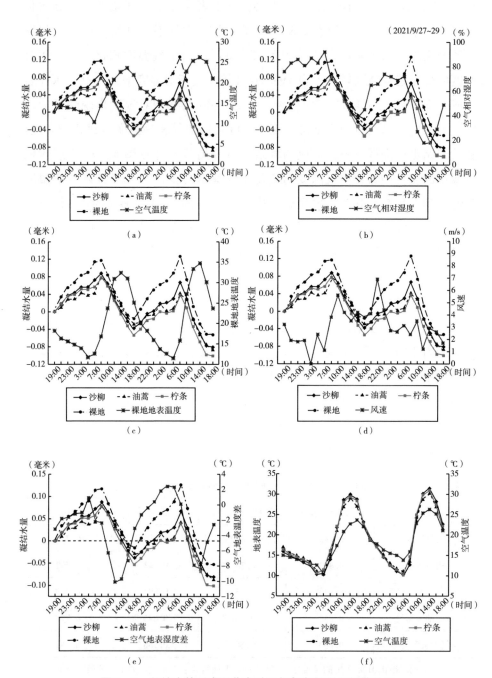

图 8-9 凝结水的形成和蒸发过程与气象因子之间的关系

8.4 讨 论

8.4.1 固沙灌丛对地表凝结水形成和蒸发的影响

凝结水是干旱缺水地区除降雨之外最主要的水分补给来源之一（Agam N. et al.，2006）。凝结水的来源包括近地面空气中的水汽、土壤中的水汽和植物周围呼吸或蒸腾出的水汽（钱连红等，2009）。与对照相比，固沙灌丛的存在降低了灌丛下地表凝结水量（见图8-3），研究结果与潘等（2014）在沙坡头地区的研究结果基本一致（Pan Y. X. et al.，2014）。由于90%的地表凝结水都来自近地面空气中的水汽，而固沙灌丛枝叶等构型特征会拦截近地面的水汽到达地表的量，从来源上减少了地表凝结水的形成（Pan Y. X. et al.，2014）；另外，在固沙灌丛的遮阴作用下，灌丛下地表温度低于灌丛外，导致灌丛下地表蒸发量较小，使表层土壤含水量高于裸地和灌丛外围地区（张义凡等，2017；李小军，2012）。与干燥的土壤相比，湿润的土壤导热率更高，更易于从深层土壤中获得热量，导致地表温度差减小，不利于水汽凝结（冯起等，1995）。钱连红和李洪波等（2009）在毛乌素沙地臭柏和油蒿群落地表凝结水的观测结果发现，不同类型的植物群落会促进凝结水形成，呈臭柏群落凝结水量最大，油蒿群落次之，裸地最小，研究结果与我们的结果并不一致，原因可能涉及以下几个方面：首先是由于受植物群落的影响，枝叶会遮挡太阳辐射并削弱空气热量上下层的交换，降低空气温度；其次，植物的存在增加了地表的粗糙度，且枝叶对气流具有阻挡作用，减小了近地面的风速；最后，植物的蒸腾作用也会增加近地表的空气相对湿度。已有研究结果表明，草地、灌木林、混交林的日平均温度较裸地（无植物影响的空旷地）分别降低了0.58℃、1.12℃、1.51℃；日土壤平均温度分别降低了0.55℃、6.2℃、8.75℃；而日均相对湿度分别增加了1.67%，9.67%，12.1%（徐丽萍等，2008）。由此可见，植物群落可以降低空气温度和地表温度，增加大气相对湿度，从而促进凝结水的形成。在同一植物群落中，植物间空地的地表凝结水量高于灌丛下凝结水量（Pan Y. X. et al.，2014），固沙灌丛下地表凝结水量降低，且由外边缘至灌丛根部呈持续降低的趋势（见图8-4）。这可能是由于灌丛根部的枝条密集，能够拦截更多的水汽，形成的凝结水量也自然比较少；随着植物枝条外延，次级枝条发育，枝条逐渐分散，密度降低，对水汽的拦截作用也相对减弱，形成的凝结水量也较多。

不同类型固沙灌丛下地表凝结水量也表现出一定差异（见图8-3）。与对照相比，沙柳、油蒿和柠条下地表凝结水量分别减少了29%、32%和33%（见图8-3）。不同类型固沙灌丛影响区地表凝结水量的差异可能与其枝条构型差异有关。柠条的枝条较沙柳来说更密集，冠幅较油蒿来说更大（见表8-1），一方面能够拦截更多的水汽，减少了凝结水的来源；另一方面，构型结构密集、复杂的灌丛遮阴作用更明显，拦截更多的太阳辐射，使地表保持较低的温度，导致地表凝结水量减少。与柠条和油蒿相比，沙柳冠幅更大（见表8-1），但是其枝条较稀疏，对近地面水汽的拦截作用和遮阴作用不如前者，地表形成的凝结水量也较多。白天随着空气温度的增加，地表温度也随之上升，夜间形成的凝结水开始蒸发。由于固沙灌丛的遮阴作用，灌丛下地表吸收的太阳辐射与对照相比较少，地表温度低，导致灌丛下地表蒸发速率也变缓。但是灌丛下地表凝结水量小于对照处理（见图8-3），造成灌丛下地表凝结水蒸发所需的时间仍然小于对照处理。

此外，在固沙灌丛影响下，不同位置地表凝结水量的差异同样可以用地表温度的变化进行解释。在白天，固沙灌丛具有遮阴作用，即地表温度由根部至冠幅外缘呈递增的趋势；而在夜间基本相反（见图8-8）。主要的原因是靠近根部灌丛枝叶更加密集，白天地表能接收的太阳辐射能量较有限，地表温度升高的幅度相对较小，而冠幅外围的地表受冠幅遮阴作用较小，能够吸收较多的太阳辐射能量，白天地表温度较高；夜间枝叶阻碍了大气与灌丛下近地表的气流交换，在灌丛根部阻碍作用尤为强烈，导致夜间灌丛下地表温度表现出由根部到冠幅外缘递减的趋势。凝结水主要在夜间形成，凝结水量与地表温度呈现相反的趋势，即地表温度越高，凝结水量越少。因此，灌丛下地表温度的差异导致了不同位置地表凝结水量的差异。与固沙灌丛下不同位置地表凝结水量的显著差异不同的是，固沙灌丛不同方向上地表凝结水量差异不显著（见图8-5）。在白天，随着太阳的东升西落，灌丛四周地表可以在白天同一时间内接受到不同强度的太阳辐射，导致灌丛四周地表温度的变化具有动态性和复杂性（见图 8 - 8），可能导致灌丛植物影响在不同方向上地表凝结水量的差异不显著。

8.4.2　气象因子对地表凝结水形成和蒸发的影响

气象因子与地表凝结水量之间的关系十分密切。受气象因子和下垫面条件的影响，地表凝结水的形成和蒸发过程变得十分复杂。本书的分析结果表明，地表凝结水的变化与空气湿度的变化呈显著正相关关系，与空气温度和地表温度的变化呈显著负相关关系（见图 8 - 9）。研究结果与李玉灵等（2008）在毛乌素沙地凝结水影响因素的研究结果一致。成龙等（2019）在青海省高寒沙区关于凝结水与近地表温湿度关系的研究中也得到类似的研究结果。当地表温度接近或低于空气温度时，空气中的水汽受温度梯度的影响逐渐向地面移动，地表出现水分凝结现象，而风速与地表凝结水之间的关系不明显（见图 8 - 9）。有研究结果表明，风速对凝结水形成的影响比较复杂，在较大时间尺度（月尺度和季节尺度）上风速与凝结水量呈负相关关系（杨路明，2016），可能是在小时间尺度（昼夜）上未能发现风速对凝结水的显著影响的原因。

固沙灌丛可能是通过改变冠幅下地表微环境来影响地表凝结水的。不同类型固沙灌丛的冠幅大小、枝叶疏密、枝条与地面夹角等特征差异（见表 8 - 1），都会导致不同类型固沙灌丛下地表气象条件发生变化。究其原因，可能是灌丛枝叶对太阳辐射的拦截作用削弱了其到达地面的能量（张亚峰等，2013）。白天对照处理地表温度高于灌丛植物影响区且大气温度在小尺度上的差异很小，从而导致大气与对照地表温度差大于大气与固沙灌丛下地表温度差，进而导致对照处理的土壤表层蒸发量较大，土壤含水量较低。干燥的土壤更有利于在气温降低时吸附空气中的水汽，加之大气地表温度差与凝结水量呈正相关关系（张晓影等，2008；方静等，2015），即白天大气地表温度差的增加有利于凝结水的形成（潘颜霞，2014），这可能是对照处理地表凝结水量大于固沙灌丛影响区的主要原因。需要说明的是，本书研究发现次日 7：00之后，地表仍然能观测到水分凝结现象，并持续到 8：00 左右。所以，实验采用的时间节点低估了该地区地表凝结水量。在以后的观测过程中，把相应的时间节点做调整，以便获得更加准确的结果。

8.5 结　论

固沙灌丛的存在显著降低了地表凝结水量，沙柳、油蒿和柠条冠幅灌丛下地表凝结水量与对照处理相比分别降低了29%、32%和33%。地表凝结水量自灌丛外围至灌丛根部呈显著降低的趋势，而在不同方向上的差异不显著。地表凝结水自19：00开始形成，至次日8：00达到其峰值，其间地表凝结水的形成过程基本表现出"增加—平缓—增加"的趋势，夜间油蒿和柠条样地凝结水甚至还有所蒸发。夜间形成的凝结水在次日13：00~15：00蒸发殆尽。凝结水与大气相对湿度呈显著正相关关系；与大气温度和地表温度呈显著负相关关系；与风速变化之间的相关性不显著。白天固沙灌丛下地表温度由外向里呈降低趋势；而夜间正好相反。固沙灌丛削弱了太阳辐射，缓冲了地表温度变化，从而减缓了地表水分凝结和蒸发过程。

参考文献

［1］阿拉木萨，慈龙骏，杨晓晖，蒋德明．科尔沁沙地不同密度小叶锦鸡儿灌丛水量平衡研究［J］．应用生态学报，2006（1）：31－35．

［2］阿拉坦主拉．鄂尔多斯高原维管植物区系研究［D］．呼和浩特：内蒙古大学，2019．

［3］安慧，安钰．毛乌素沙地南缘沙柳灌丛土壤水分及水量平衡［J］．应用生态学报，2011，22（9）：2247－2252．

［4］卜楠．陕北黄土区生物土壤结皮水土保持功能研究［D］．北京：北京林业大学，2009．

［5］曹佳锐．陕北丘陵沟壑区水土保持林植被水分利用效率及其影响机制［D］．咸阳：西北农林科技大学，2021．

［6］曹生奎，冯起，司建华，常宗强，席海洋，卓玛错．植物水分利用效率研究方法综述［J］．中国沙漠，2009，29（5）：853－858．

［7］曹生奎，冯起，司建华，常宗强，卓玛错，席海洋，苏永红．植物叶片水分利用效率研究综述［J］．生态学报，2009，29（7）：3882－3892．

［8］陈荣毅．古尔班通古特沙漠表层土壤凝结水水汽来源特征分析［J］．中国沙漠，2012，32（4）：985－989．

［9］陈玉福，董鸣．毛乌素沙地根茎灌木羊柴的基株特征和不同生境中的分株种群特征［J］．植物生态学报，2000，24（1）：40－45．

［10］成龙，贾晓红，吴波等．高寒沙区生物土壤结皮对吸湿凝结水的影响［J］．生态学报，2018，38（14）：5037－5046．

［11］成龙，贾晓红，吴波等．高寒沙区吸湿凝结水凝结过程与温湿度的关系［J］．中国沙漠，2019，39（3）：77－86．

［12］慈龙骏．中国强沙尘暴灾害及其荒漠化的未来扩展趋势［A］．载：

卢琦，杨有林．全球沙尘暴警示录［M］．北京：中国环境科学出版社，2001：199－206．

［13］崔茜琳，何云玲，李宗善．青藏高原植被水分利用效率时空变化及与气候因子的关系［J］．应用生态学报，2022，33（6）：1525－1532．

［14］邓文平．北京山区典型树种水分利用机制研究［D］．北京：北京林业大学，2015．

［15］董学军，陈仲新，阿拉腾宝等．毛乌素沙地沙地柏（Sabina vulgaris）的水分生态初步研究［J］．植物生态学报，1999（4）：24－32．

［16］董学军，张新时，杨宝珍．依据野外实测的蒸腾速率对几种沙地灌木水分平衡的初步研究［J］．植物生态学报，1997（3）：13－21，24－30．

［17］董治宝，陈渭南，董光荣等．植被对风沙土风蚀作用的影响［J］．环境科学学报，1996，16（4）：437－443．

［18］杜明新，周向睿，周志宇等．毛乌素沙南缘紫穗槐根系垂直分布特征［J］．草业学报，2014，23（2）：125－132．

［19］段争虎，刘新民，屈建军．沙坡头地区土壤结皮形成机理的研究［J］．干旱区研究，1996，13（2）：31－36．

［20］樊金娟，宁静，孟宪菁，朱延姝，孙晓敏，张心昱．C_3植物叶片稳定碳同位素对温度、湿度的响应及其在水分利用中的研究进展［J］．土壤通报，2012，43（6）：1502－1507．

［21］方静，丁永建．干旱荒漠区沙土凝结水与微气象因子关系［J］．中国沙漠，2015，35（5）：1200－1205．

［22］冯虎元，安黎哲，陈拓，徐世健，强维亚，刘光，王勋陵．马先蒿属（pedicularis l.）植物稳定碳同位素组成与环境因子之间的关系［J］．冰川冻土，2003，25（1）：88－93．

［23］冯起，高前兆．半湿润沙地凝结水的初步研究［J］．干旱区研究，1995，12（3）：72－77．

［24］付秀东，闫俊杰，沙吾丽·达吾提，刘海军，崔东，陈晨．伊犁河谷草地生态系统水分利用效率时空变化及影响因素［J］．水土保持研究，2021，28（1）：124－131．

［25］傅旭，吴永胜，张颖娟．毛乌素沙地南缘4种灌木生长季水分利用

来源分析［J］. 内蒙古师范大学学报（自然科学汉文版），2020，49（3）：245－250.

［26］高国雄. 毛乌素沙地东南缘人工植被结构与生态功能研究［D］. 北京：北京林业大学，2007.

［27］桂子洋，秦树高，胡朝等. 毛乌素沙地两种典型灌木叶片凝结水吸收能力及吸水途径［J］. 植物生态学报，2021，45（6）：583－593.

［28］郭柯，董学军，刘志茂. 毛乌素沙地沙丘土壤含水量特点——兼论老固定沙地上油蒿衰退原因［J］. 植物生态学报，2000，24（3）：275－279.

［29］郭融. 达拉特旗3种类型公益林生态效益评价研究［D］. 呼和浩特：内蒙古农业大学，2017.

［30］郭占荣，刘花台. 西北地区凝结水及其生态环境意义［J］. 地球学报，1999，20（6）：762－766.

［31］郭占荣，刘建辉. 中国干旱半干旱地区土壤凝结水研究综述［J］. 干旱区研究，2005，22（4）：160－164.

［32］国家林业局. 中国荒漠化和沙化状况公报［R］. 2015.

［33］国家林业局. 中国荒漠化和沙化状况公报［R］. 2011.

［34］何其华，何永华，包维楷. 干旱半干旱区山地土壤水分动态变化［J］. 山地学报，2003，21（2）：149－156.

［35］何彤慧. 毛乌素沙地历史时期环境变化研究［D］. 兰州：兰州大学，2009.

［36］何维明，张新时. 水分共享在毛乌素沙地4种灌木根系中的存在状况［J］. 植物生态学报，2001，25（5）：630－633.

［37］侯新伟，张发旺，崔晓梅等. 毛乌素沙地东南缘土壤凝结水的形成规律［J］. 干旱区资源与环境，2010，24（8）：36－41.

［38］胡安焱，付稳东，陈云飞，颜林，艾美霞，陈瑞，石长春，刘秀花. 毛乌素沙地不同覆被类型土壤水分动态及其对降水的响应［J］. 水土保持研究，2023，30（6）：133－142.

［39］胡婵娟，郭雷. 植被恢复的生态效应研究进展［J］. 生态环境学报，2012，21（9）：1640－1646.

［40］胡海英，李惠霞，倪彪，师斌，许冬梅，谢应忠. 宁夏荒漠草原

典型群落的植被特征及其优势植物的水分利用效率 [J]. 浙江大学学报, 2019, 45（4）: 460 –471.

[41] 胡宜刚, 张鹏, 赵洋等. 植被配置对黑岱沟露天煤矿区土壤养分恢复的影响 [J]. 草业科学, 2015, 32（10）: 1561 –1568.

[42] 胡永宁. 毛乌素沙地乌审旗境内 NDVI 与环境因子的尺度响应 [D]. 呼和浩特: 内蒙古农业大学, 2012.

[43] 黄成, 肖作林, 刘睿等. 鄂尔多斯高原风蚀气候侵蚀力时空演变——以 1999—2018 年为例 [J]. 农业与技术, 2023, 43（22）: 62 –67.

[44] 黄甫昭, 李冬兴, 王斌, 向悟生, 郭屹立, 文淑均, 陈婷, 李先琨. 喀斯特季节性雨林植物叶片碳同位素组成及水分利用效率 [J]. 应用生态学报, 2019, 30（6）: 1833 –1839.

[45] 嵇晓雷, 夏光辉, 张海亚. 紫穗槐根系形态与固土护坡效应研究 [J]. 湖北林业科技, 2016, 45（1）: 16 –19.

[46] 贾国栋, 余新晓, 邓文平等. 北京山区典型树种土壤水分利用特征 [J]. 应用基础与工程科学学报, 2013, 21（3）: 403 –411.

[47] 贾晓红, 李新荣, 李元寿. 干旱沙区植被恢复中土壤碳氮变化规律 [J]. 植物生态学报, 2007, 31（1）: 66 –74.

[48] 姜丽娜, 杨文斌, 卢琦等. 低覆盖度行带式固沙林对土壤及植被的修复效应 [J]. 生态学报, 2013, 33（10）: 3192 –3204.

[49] 蒋德明, 张娜, 阿拉木萨等. 科尔沁沙地人工固沙植被优化配置模式试验研究 [J]. 干旱区研究, 2014, 31（1）: 149 –156.

[50] 靳立亚, 李静, 王新, 陈发虎. 近 50 年来中国西北地区干湿状况时空分布 [J]. 地理学报, 2004, 59（6）: 847 –854.

[51] 康跃虎, 陈荷生. 沙坡头地区凝结水及其在生态环境中的意义 [J]. 干旱区资源与环境, 1992, 6（2）: 63 –72.

[52] 李博. 内蒙古鄂尔多斯高原自然资源与环境研究 [M]. 北京: 科学出版社, 1990.

[53] 李洪波, 白爱宁, 张国盛等. 毛乌素沙地土壤凝结水来源分析 [J]. 中国沙漠, 2010, 30（2）: 241 –246.

[54] 李洪波. 半干旱区凝结水形成机制及对植物水分特性的影响 [D].

呼和浩特：内蒙古农业大学水土保持与荒漠化防治，2010.

[55] 李静鹏，徐明锋，苏志尧等．不同植被恢复类型的土壤肥力质量评价 [J]．生态学报，2014，34（9）：2297 – 2307.

[56] 李茜，刘增文，杜良贞．黄土高原小叶杨与其他树种枯落叶混合分解对土壤性质的影响 [J]．应用生态学报，2012，23（3）：595 – 602.

[57] 李少华，王学全，包岩峰等．不同类型植被对高寒沙区土壤改良效果的差异分析 [J]．土壤通报，2016，47（1）：60 – 64.

[58] 李胜龙，肖波，孙福海．黄土高原干旱半干旱区生物结皮覆盖土壤水汽吸附与凝结特征 [J]．农业工程学报，2020，36（15）：111 – 119.

[59] 李守中，郑怀舟，李守丽等．沙坡头植被固沙区生物结皮的发育特征 [J]．生态学杂志，2008，27（10）：1675 – 1679.

[60] 李为萍，史海滨，胡敏．沙地柏根系径级对根土复合体抗剪强度的影响 [J]．土壤通报，2012，43（4）：934 – 937.

[61] 李小军．地表径流对荒漠灌丛生境土壤水分空间特征的影响 [J]．中国沙漠，2012，32（6）：1576 – 1582.

[62] 李新荣．荒漠生物土壤结皮生态与水文学研究 [M]．北京：高等教育出版社，2012：47 – 50.

[63] 李新荣，张元明，赵允格．生物土壤结皮研究：进展、前沿与展望 [J]．地球科学进展，2009，24（1）：11 – 24.

[64] 李新荣，张志山，黄磊，王新平．我国沙区人工植被系统生态 – 水文过程和互馈机理研究评述 [J]．科学通报，2013，58（S1）：397 – 410.

[65] 李新荣，张志山，谭会娟等．我国北方风沙危害区生态重建与恢复：腾格里沙漠土壤水分与植被承载力的探讨 [J]．中国科学：生命科学，2014，44（3）：257 – 266.

[66] 李新荣，周海燕，王新平等．中国干旱沙区的生态重建与恢复：沙坡头站60年重要研究进展综述 [J]．中国沙漠，2016，36（2）：247 – 264.

[67] 李玉灵，朱帆，张国盛等．毛乌素沙地凝结水动态变化及其影响因子的研究 [J]．干旱区资源与环境，2008，22（8）：61 – 66.

[68] 林光辉．稳定同位素生态学 [M]．北京：高等教育出版社，2013.

[69] 刘鹄，赵文智，何志斌等．祁连山浅山区草地生态系统点尺度土

壤水分动态随机模拟 [J]. 中国科学 (D 辑: 地球科学), 2007, 37 (9): 1212 – 1222.

[70] 刘琳轲, 梁流涛, 高攀, 范昌盛, 王宏豪, 王瀚. 黄河流域生态保护与高质量发展的耦合关系及交互响应 [J]. 自然资源学报, 2021, 36 (1): 176 – 195.

[71] 刘思峰. 灰色系统理论及其应用 [M]. 北京: 科学出版社, 2010.

[72] 刘贤赵, 张勇, 宿庆, 田艳林, 全斌, 王国安. 现代陆生植物碳同位素组成对气候变化的响应研究进展 [J]. 地球科学进展, 2014, 29 (12): 1341 – 1354.

[73] 刘新平, 何玉惠, 赵学勇等. 科尔沁沙地不同生境土壤凝结水的试验研究 [J]. 应用生态学报, 2009, 20 (8): 1918 – 1924.

[74] 刘自强, 余新晓, 贾国栋等. 北京土石山区典型植物水分来源 [J]. 应用生态学报, 2017, 28 (7): 2135 – 2142.

[75] 柳佳, 罗永忠, 陈国鹏. 土壤水分胁迫对新疆大叶苜蓿构件生物量分配的影响 [J]. 干旱区研究, 2019, 36 (3): 639 – 644.

[76] 柳琳秀. 毛乌素沙地三种植物根系垂直分布研究 [D]. 呼和浩特: 内蒙古大学, 2015.

[77] 孟猛, 倪健, 张治国. 地理生态学的干燥度指数及其应用评述 [J]. 植物生态学报, 2004, 28 (6): 853 – 861.

[78] 牛兰兰, 张天勇, 丁国栋. 毛乌素沙地生态修复现状、问题与对策 [J]. 水土保持研究, 2006, 13 (6): 239 – 242, 246.

[79] 潘颜霞. 沙坡头人工固沙过程中吸湿凝结水形成特征研究 [D]. 北京: 中国科学院大学, 中国科学院研究生院生态学, 2010.

[80] 潘颜霞, 王新平, 张亚峰等. 沙坡头地区地形对凝结水形成特征的影响 [J]. 中国沙漠, 2014, 34 (1): 118 – 124.

[81] 潘颜霞, 张亚峰, 虎瑞. 吸湿凝结水对荒漠地区生物土壤结皮生态功能的影响综述 [J]. 地球科学进展, 2022, 37 (1): 99 – 109.

[82] 彭少麟. 南亚热带演替群落的边缘效应及其对森林片断化恢复的意义 [J]. 生态学报, 2000, 20 (1): 2 – 9.

[83] 钱连红, 李洪波, 张国盛等. 毛乌素沙地三种下垫面土壤吸湿凝

结水量的比较 [J]. 干旱区资源与环境, 2009, 23 (3): 122-125.

[84] 苏永中, 赵哈林, 张铜会. 几种灌木、半灌木对沙地土壤肥力影响机制的研究 [J]. 应用生态学报, 2002, 13 (7): 802-806.

[85] 唐宽燕. 库布齐沙漠东缘植被动态与环境的关系 [D]. 北京: 中国农业科学院, 2017.

[86] 唐宽燕, 闫志坚, 尹强, 高丽, 王慧, 于洁, 孟元发, 王育青, 赵虎生. 库布齐沙地不同沙丘类型植物多样性研究 [J]. 中国草地学报, 2018, 40 (6): 71-77.

[87] 王博, 丁国栋, 顾小华等. 毛乌素沙地腹地植被恢复效果初步研究——以内蒙古乌审旗为例 [J]. 水土保持研究, 2007, 14 (3): 237-238.

[88] 王芳, 王琳. 鄂尔多斯高原北部生态水文演变与水功能区管理红线 [M]. 北京: 中国水利水电出版社, 2017.

[89] 王积强. 关于"土壤凝结水"问题的探讨——与于庆和同志商榷 [J]. 干旱区地理, 1993, 16 (2): 58-62.

[90] 王蕾, 王志, 刘连友等. 沙柳灌丛植株形态与气流结构野外观测研究 [J]. 应用生态学报, 2005, 16 (17): 2007-2011.

[91] 王丽霞, 李心清, 郭兰兰. 中东亚干旱半干旱区 C_3 植物 $\delta^{13}C$ 值的分布及其对气候的响应 [J]. 第四纪研究, 2006, 26 (6): 955-961.

[92] 王仁德, 吴晓旭. 毛乌素沙地治理的新模式 [J]. 水土保持研究, 2009, 16 (5): 176-180.

[93] 王睿, 杨国靖. 库布齐沙漠东缘防沙治沙生态效益评价 [J]. 水土保持通报, 2018, 38 (5): 174-179, 188.

[94] 王涛. 荒漠化治理中生态系统、社会经济系统协调发展问题探析——以中国北方半干旱荒漠区沙漠化防治为例 [J]. 生态学报, 2016, 36 (22): 7045-7048.

[95] 王艳莉, 刘立超, 高艳红等. 基于较大降水事件的人工固沙植被区植物水分来源分析 [J]. 应用生态学报, 2016, 27 (4): 1053-1060.

[96] 王一贺, 赵允格, 李林等. 黄土高原不同降雨量带退耕地植被-生物结皮的分布格局 [J]. 生态学杂志, 2016, 36 (2): 377-386.

[97] 王昭艳, 左长清, 曹文洪等. 红壤丘陵区不同植被恢复模式土壤

理化性质相关分析［J］. 土壤学报，2011，48（4）：715 – 724.

［98］翁伯琦，郑祥洲，丁洪等. 植被恢复对土壤碳氮循环的影响研究进展［J］. 应用生态学报，2013，24（12）：3610 – 3616.

［99］吴骏恩，刘文杰，朱春景. 稳定同位素在植物水分来源及利用效率研究中的应用［J］. 西南林业大学学报，2014，34（5）：103 – 110.

［100］吴永胜，哈斯，李双权，刘怀泉，贾振杰. 毛乌素沙地南缘沙丘生物土壤结皮发育特征［J］. 水土保持学报，2010，24（5）：258 – 261.

［101］吴永胜，哈斯，李双权，刘怀泉. 毛乌素沙地南缘沙丘生物结皮中微生物分布特征［J］. 生态学杂志，2010，29（8）：1624 – 1628.

［102］吴永胜，哈斯，屈志强. 生物土壤结皮在沙丘不同地貌部位选择性分布的风因子讨论［J］. 中国沙漠，2011，32（4）：980 – 984.

［103］吴永胜，哈斯，屈志强. 影响生物土壤结皮在沙丘不同地貌部位分布的风因子讨论［J］. 中国沙漠，2012，32（4）：980 – 984.

［104］吴永胜，尹瑞平，何京丽，田秀民，刘静，李泽坤. 毛乌素沙地南缘沙区水分入渗特征及其影响因素［J］. 干旱区研究，2016，33（6）：1318 – 1324.

［105］吴永胜，尹瑞平，田秀民等. 毛乌素沙地南缘人工植被区生物结皮发育特征［J］. 中国沙漠，2018，38（2）：339 – 344.

［106］吴正. 风沙地貌与治沙工程学［M］. 北京：科学出版社，2010.

［107］西北师范学院地理系. 中国自然地理图集［M］. 北京：中国地图出版社，1984：18.

［108］消洪浪，张继贤. 腾格里沙漠东南缘降尘粒度特征和沉积速率［J］. 中国沙漠，1997，17（2）：127 – 132.

［109］邢媛. 库布齐沙漠东缘主要人工林群落结构及植物多样性研究［D］. 呼和浩特：内蒙古农业大学，2017.

［110］徐丽萍，杨改河，姜艳等. 黄土高原人工植被小气候生态效应研究［J］. 水土保持学报，2008，22（1）：163 – 167.

［111］许端阳，康相武，刘志丽，庄大方，潘剑君. 气候变化和人类活动在鄂尔多斯地区沙漠化过程中的相对作用研究［J］. 中国科学（D辑：地球科学），2009，39（4）：516 – 528.

［112］杨洪晓，张金屯，李振东等．毛乌素沙地油蒿（Artemisia ordosica）种群空间格局对比［J］．生态学报，2008，28（5）：1901－1910.

［113］杨俊平，闫德仁，刘永定等．控制沙尘暴的植被快速建设技术途径研究——以库布齐沙漠东缘为例［J］．干旱区资源与环境，2006（4）：193－198.

［114］杨凯悦．高寒沙区柠条人工林光合耗水特性及影响因素研究［J］．中国林业科学研究院，2019.

［115］杨路明．毛乌素沙地地表凝结水形成过程及其环境影响因子［D］．北京：北京林业大学，2016.

［116］杨树烨，赵西宁，高晓东，于流洋．基于$\delta^{13}C$值的黄土高原生态林和经济林水分利用效率差异及对环境响应分析［J］．水土保持学报，2022，36（4）：247－252.

［117］杨文斌，卢崎，吴波等．低覆盖度不同配置灌丛内风流结构与防风效果的风洞实验［J］．中国沙漠，2007，27（5）：791－796.

［118］杨越，哈斯，孙保平等．毛乌素沙地南缘不同植被恢复类型的土壤养分效应［J］．中国农学通报，2012，28（10）：1708－1712.

［119］易晨，李德成，张甘霖等．土壤厚度的划分标准与案例研究［J］．土壤学报，2015，52（1）：220－227.

［120］尹瑞平，吴永胜，张欣等．毛乌素沙地南缘沙丘生物结皮对凝结水形成和蒸发的影响［J］．生态学报，2013，33（19）：6173－6180.

［121］于晓娜，黄永梅，陈慧颖等．土壤水分对毛乌素沙地油蒿群落演替的影响［J］．干旱区资源与环境，2015，29（2）：92－98.

［122］昝国盛，王翠萍，李锋，刘政，孙涛．第六次全国荒漠化和沙化调查主要结果及分析［J］．林业资源管理，2023（1）：1－7.

［123］张甘霖，龚子同．土壤调查实验室分析方法［M］．北京：科学出版社，2012.

［124］张静，张元明，周晓兵等．生物结皮影响下沙漠土壤表面凝结水的形成与变化特征［J］．生态学报，2009，29（12）：6600－6608.

［125］张雷，王晓江，洪光宇等．毛乌素沙地不同飞播年限杨柴根系分布特征［J］．生态学杂志，2017，36（1）：29－34.

[126] 张丽，张兴昌．植物生长过程中水分、氮素、光照的互作效应 [J]．干旱地区农业研究，2003（1）：43－46.

[127] 张朋，卜崇峰，杨永胜等．基于 CCA 的坡面尺度生物结皮空间分布 [J]．生态学报，2015，35（16）：5412－5420.

[128] 张铁钢，李占斌，李鹏等．土石山区不同植物土壤水分利用方式对降雨的响应特征 [J]．应用生态学报，2016，27（5）：1461－1467.

[129] 张文军．科尔沁沙地活沙障植被及土壤恢复效应的研究 [D]．北京：北京林业大学，2008.

[130] 张晓影，李小雁，王卫等．毛乌素沙地南缘凝结水观测实验分析 [J]．干旱气象，2008，26（3）：8－13.

[131] 张新时．毛乌素沙地的生态背景及其草地建设的原则与优化模式 [J]．植物生态学报，1994（1）：1－16.

[132] 张新时，唐海平．中国北方农牧交错带优化生态—生产范式集成 [M]．北京：科学出版社，2008.

[133] 张亚峰，王新平，虎瑞等．荒漠灌丛微生境土壤温度的时空变异特征——灌丛与降水的影响 [J]．中国沙漠，2013，33（2）：536－542.

[134] 张义凡，陈林，刘学东等．荒漠草原 2 种群落灌丛堆土壤水分的空间特征 [J]．西南农业学报，2017，30（4）：836－841.

[135] 赵哈林，郭轶瑞，周瑞莲等．降尘、凋落物和生物接种对沙地土壤结皮形成的影响 [J]．土壤学报，2011，48（4）：693－700.

[136] 赵良菊，肖洪浪，刘晓宏，罗芳，李守中，陆明峰．沙坡头不同微生境下油蒿和柠条叶片 $\delta^{13}C$ 的季节变化及其对气候因子的响应 [J]．冰川冻土，2005（5）：747－754.

[137] 赵文智，程国栋．干旱区生态水文过程研究若干问题评述 [J]．科学通报，2001（22）：1851－1857.

[138] 赵媛媛，丁国栋，高广磊等．毛乌素沙区沙漠化土地防治区划 [J]．中国沙漠，2017，37（4）：635－643.

[139] 郑红星，刘静．东北地区近 40 年干燥指数变化趋势及其气候敏感性 [J]．地理研究，2011，30（10）：1765－1774.

[140] 郑淑蕙，侯发高，倪葆龄．我国大气降水的氢氧稳定同位素研究

[J]. 科学通报, 1983 (13): 801 – 806.

[141] 周小泉, 刘政鸿, 杨永胜等. 毛乌素沙地三种植被下苔藓结皮的土壤理化效应 [J]. 水土保持研究, 2014, 21 (6): 340 – 344.

[142] 周咏春, 张文博, 程希雷, 徐新阳. 植物及土壤碳同位素组成对环境变化响应研究进展 [J]. 环境科学研究, 2019, 32 (4): 565 – 572.

[143] 朱教君. 防护林学研究现状与展望 [J]. 植物生态学报, 2013, 37 (9): 872 – 888.

[144] Agam N. , Berliner P. R. Dew formation and water vapor adsorption in semi-arid environments—A review [J]. Journal of Arid Environments, 2006 (65): 572 – 590.

[145] Alamusa, Jiang D. M. , Luo Y. M. Study on soil moisture and water balance in processes of dune fixation shrubs development atsemi-arid region [J]. Journal of Soil and Water Conservation, 2005, 19 (4): 107 – 110 (in Chinese).

[146] Alamusa, Pei T. F. , Jiang D. M. A study on soil moisture content and plantation fitness for artificial sand-fixation forest in Horqin sandy land under [J]. Advances in Water Science, 2005, 16 (3): 426 – 431 (in Chinese).

[147] Bchir A. , Escalona J. M. , Gallé A. , Hernández-Montes E. , Tortosa I. , Braham M. , Medrano H. Carbon isotope discrimination ($\delta^{13}C$) as an indicator of vine water status and water use efficiency (WUE): looking for the most representative sample and sampling time [J]. Agricultural Water Management, 2016, 167: 11 – 20.

[148] Beysens D. , Clus O. , Mileta M. et al. Collecting dew as a water source on small islands: the dew equipment for water project in Biševo (Croatia) [J]. Energy, 2007 (32): 1032 – 1037.

[149] Burton A. J. , Hendrick R. L. , Pregitzer K. S. Relationships between Fine Root Dynamics and Nitrogen Availability in Michigan Northern Hardwood Forests [J]. Oecologia, 2000, 125 (3): 389 – 399.

[150] Cheng X. L. , An S. Q. , Li B. et al. Summer rain pulse size and rainwater uptake by three dominant desert plants in a desertified grassland ecosystem in northwestern China [J]. Plant Ecology, 2006, 184 (1): 1 – 12.

［151］ Chen J. , Chang S. X. , Anyia A. O. The physiology and stability of leaf carbon isotope discrimination as a measure of water use efficiency in barley on the Canadian prairies ［J］. Journal of Agronomy and Crop Science, 2011 (197): 1 – 11.

［152］ Chávez-Sahagún E. , Andrade J. L. , Zotz G. et al. Dew Can Prolong Photosynthesis and Water Status During Drought in Some Epiphytic Bromeliads From a Seasonally Dry Tropical Forest ［J］. Tropical Conservation Science, 2019 (12).

［153］ Comanns P. , Withers P. C. , Esser F. J. et al. Cutaneous water collection by a moisture-harvesting lizard, the thorny devil (Moloch horridus) ［J］. Journal of Experimental Biology, 2016 (219): 3473 – 3479.

［154］ Cowan I. R. Regulation of water use in relation to carbon gain in higher plants. Physiological Plant Ecology Ⅱ ［M］. Berlin, Heidelberg: Springer Berlin Heidelberg, 1982: 589 – 613.

［155］ Dai Y. Stable oxygen isotopes reveal distinct water use patterns of two Haloxylon species in the Gurbantonggut Desert ［J］. Plant and Soil, 2015, 389 (1/2): 73 – 87.

［156］ Dawson E. , Ehleringer R. Streamside trees that do not use stream water ［J］. Nature, 1991, 350 (6316): 335.

［157］ Ehleringer R. , Dawson E. Water uptake by plants: perspectives from stable isotope composition ［J］. Plant, Cell & Environment, 1992, 15 (9): 1073 – 1082.

［158］ Farquhar G. D. , Richards R. A. Isotopic composition of plant carbon correlates with water use efficiency of wheat genotypes ［J］. Australian Journal of Plant Physiology, 1984 (116): 539 – 552.

［159］ Francey R. J. , Gifford R. M. , Sharkey T. D. , Weir B. Physiological influences on carbon isotope discrimination in Huon pine (Lagarostrobos franklinii) ［J］. Oecologia, 1985, 66: 211 – 218.

［160］ Fu H. , Zhou Z. Y. , Chen S-K. A study on relationship between vegetation density and soil water content of Artemisia sphaerocephala air sown grassland in south-eastern edge of Tengger Desert, Inner Mongolia, China ［J］. Journal of

Desert Research, 2001, 21 (3): 265 – 270 (in Chinese).

[161] Gao Q. , Dong X. J. , Liang N. A study on the optimal vegetation coverage for sandy grassland in Northern China based on soil water budget [J]. Acta Ecological Sinical, 1996, 16 (1): 33 – 40 (in Chinese).

[162] Gebrekirstos A. , Worbes M. , Teketay D. , Fetene M. , Mitlöhner R. Stable carbon isotope ratios in tree rings of co-occurring species from semi-arid tropics in Africa: Patterns and climatic signals [J]. Global and Planetary Change, 2009, 66: 253 – 260.

[163] Gerile, Gao R. H. A study on moisture balance of artificial Haloxylon ammodendron forest in Kubuqi Desert [J]. Journal of Inner Mongolia Agricultural University, 2010, 31 (3): 125 – 129 (in Chinese).

[164] Guo Z. S. , Shao M. A. Mathematical model for determining vegetation carrying capacity of soil water [J]. Journal of Hydraulic Engineering, 2004, 35 (10): 95 – 99 (in Chinese).

[165] Guo Z. S. , Shao M. A. Precipitation, soil water and soil water carrying capacity of vegetation [J]. Journal of Natural Resources, 2003, 18 (5): 522 – 528 (in Chinese).

[166] Henry N. Restoration and rehabilitation of arid and semiarid mediterranean ecosystems in North Africa and west Asia: A review [J]. Arid Soil Research & Rehabilitation, 2000, 14 (1): 3 – 14.

[167] Hou Q. Q. , Pei T. T. , Yu X. J. , Chen Y. , Ji Z. X. , Xie B. P. The seasonal response of vegetation water use efficiency to temperature and precipitation in the Loess Plateau, China [J]. Global Ecology and Conservation, 2022 (33): e01984.

[168] Huang L. , Zhang Z. S. Stable isotopic analysis on water utilization of two xerophytic shrubs in a revegetated desert area: Tengger desert, China [J]. Water, 2015, 7 (12): 1030 – 1045.

[169] Huang M. T. , Piao S. L. , Zeng Z. Z. , Peng S. S. , Ciais P. , Cheng L. , Mao J. F. , Poulter B. , Shi X. Y. , Yao Y. T. , Yang H. , Wang Y. P. Seasonal responses of terrestrial ecosystem water use efficiency to climate change [J].

Global Change Biology, 2016 (226): 2165 - 2177.

[170] Kathleen E. D., Tala A., David A. W. Seasonal changes in depth of water uptake for encroaching trees Juniperus virginiana and Pinus ponderosa and two dominant C4 grasses in a semiarid grassland. [J]. Tree physiology, 2009, 29 (2): 157 - 169.

[171] Kidron G. J. Altitude dependent dew and fog in the Negev Desert, Israel [J]. Agricultural and forest meteorology, 1999 (96): 1 - 8.

[172] Kidron G. J. Angle and aspect dependent dew and fog precipitation in the Negev desert [J]. Journal of Hydrology, 2005 (301): 66 - 74.

[173] Kidron G. J., Barzilay E., Sachs E. et al. Microclimate control upon sand microbiotic crust, western Negev Desert, Israel [J]. Geomorphology, 2000, 36: 1 - 18.

[174] Kidron G. J., Starinsky A. Measurements and ecological implications of non-rainfall water in desert ecosystems—A review [J]. Ecohydrology, 2019 (12).

[175] Kidron G. J., Temina M. Non-rainfall water input determines lichen and cyanobacteria zonation on limestone bedrock in the Negev Highlands [J]. Flora, 2017 (229): 71 - 79.

[176] Kidron G. J., Temina M. The Effect of Dew and Fog on Lithic Lichens Along an Altitudinal Gradient in the Negev Desert [J]. Geomicrobiology Journal, 2013 (30): 281 - 290.

[177] Kidron G. J. The effect of substrate properties, size, position, sheltering and shading on dew: An experimental approach in the Negev Desert [J]. Atmospheric Research, 2010 (98): 378 - 386.

[178] Kidron G. J. Under-canopy microclimate within sand dunes in the Negev Desert [J]. Journal of Hydrology, 2010 (392): 201 - 210.

[179] Körner C., Farquhar G. D., Wong S. C. Carbon isotope discrimination by plants follows latitudinal and altitudinal trends [J]. Oecologia, 1991, 881: 30 - 40.

[180] Lambers H., Oliveira R. S. Plant water relations. Plant Physiological

Ecology [M]. Cham: Springer International Publishing, 2019: 187 – 263.

[181] Lan S. B. , Wu L. , Zhang D. L. et al. Analysis of environmental factors determining development and succession in biological soil crusts [J]. Science of the Total Environment, 2015 (538): 492 – 499.

[182] Li M. X. , Peng C. H. , Wang M. , Yang Y. Z. , Zhang K. R. , Li P. , Yang Y. , Ni J. , Zhu Q. A. Spatial patterns of leafδ^{13}C and its relationship with plant functional groups and environmental factors in China [J]. Journal of Geophysical Research: Biogeosciences, 2017, 122: 1564 – 1575.

[183] Li S. L. , Bowker M. A. , Xiao B. Biocrusts enhance non-rainfall water deposition and alter its distribution in dryland soils [J]. Journal of Hydrology, 2021 (595): 126050.

[184] Liu B. , Guan H. D. , Zhao W. Z. , Yang Y. T. , Li S. B. Groundwater facilitated water-use efficiency along a gradient of groundwater depth in arid northwestern China [J]. Agricultural and Forest Meteorology, 2017 (233): 235 – 241.

[185] Li X. R. , He M. Z. , Duan Z. H. et al. Recovery of topsoil physico-chemical properties in revegetated sites in the sand-burial ecosystems of the Tengger Desert, northern China [J]. Geomorphology, 2007 (88): 254 – 265.

[186] Li X. R. , Ma F. Y. , Long L. Q. et al. Soil water dynamics under sand-fixing vegetation in Shapotou area [J]. Journal of Desert Research, 2001, 21 (3): 217 – 222 (in Chinese).

[187] Li X. R. , Ma F. Y. , Xiao H. L. et al. Long-term effects of revegetation on soil water content of sand dunes in arid region of Northern China [J]. Journal of Arid Environments, 2004, 57: 1 – 16.

[188] Li X. R. , Wang X. P. , Li T. et al. Microbiotic soil crust and its effect on vegetation and habitat on artificially stabilized desert dunes in Tengger Desert, North China [J]. Biology and Fertility of Soils, 2002 (35): 147 – 154.

[189] Li Y. B. , Chen T. , Zhang Y. F. , An L. Z. The relation of seasonal pattern in stable carbon compositions to meteorological variables in the leaves of Sabinaprzewalskii Kom. and Sabina chinensis (Lin.) Ant [J]. Environmental Geology, 2007, 51: 1279 – 1284.

[190] Lloret F. , Peñuelas J. , Ogaya R. Establishment of co-existing Mediterranean tree species under a varying soil moisture regime [J]. Journal of Vegetation Science, 2004 (15): 237.

[191] Meinzer C. , Goldstein G. , Andrade J. L. Regulation of water flux through tropical forest canopy trees: do universal rules apply? [J]. Tree physiology, 2001, 21 (1): 19 – 26.

[192] Mishra A. , Sharma S. D. Influence of forest tree species on reclamation of semiarid sodic soils [J]. Soil Use & Management, 2010, 26 (4): 445 – 454.

[193] Morecroft M. , Woodward F. , Marris R. Altitudinal Trends in Leaf Nutrient Contents, Leaf Size and ǀ delta^{13}C of Alchemilla alpina [J]. Functional Ecology, 1992, 6: 730 – 740.

[194] Noy-Meir I. Desert Ecosystems: Environment and Producers [J]. Annual Review of Ecology & Systematics, 1973, 4 (1): 25 – 51.

[195] Pan Y. X. , Wang X. P. Effects of shrub species and microhabitats on dew formation in a revegetation-stabilized desert ecosystem in Shapotou, northern China [J]. Journal of Arid Land, 2014 (6): 389 – 399.

[196] Pan Y. X. , Wang X. P. , Zhang Y. F. Dew formation characteristics in a revegetation-stabilized desert ecosystem in Shapotou area, Northern China [J]. Journal of Hydrology, 2010 (387): 265 – 272.

[197] Pan Y. X. , Wang X. P. , Zhang Y. F. et al. Dew formation characteristics at annual and daily scale in xerophyte shrub plantations at Southeast margin of Tengger desert, Northern China [J]. Ecohydrology, 2018 (11): 1968.

[198] Pan Z. , Pitt W. G. , Zhang Y. M. et al. The upside-down water collection system of Syntrichia caninervis [J]. Nature Plants, 2016 (2): 16076.

[199] Patrick Z. , David G. Williams. Hydrogen isotope fractionation during water uptake by woody xerophytes [J]. Plant and Soil, 2007, 291 (1 – 2): 93 – 107.

[200] Price D. Carrying capacity reconsidered [J]. Population and Environment, 1999 (21): 5 – 26.

[201] Radersma S. , Ong C. K. , Coe R. Water use of tree lines: Importance of leaf area and micrometeorology in sub-humid Kenya [J]. Agroforestry

Systems, 2006 (66): 179 – 189.

[202] Ren S. J. , Yu G. R. Carbon isotope composition ($\delta^{13}C$) of C_3 plants and water use efficiency in China [J]. Chinese Journal of Plant Ecology, 2011 (35): 119 – 124.

[203] Rossatto R. , Silva L. , Villalobos-Vega R. Depth of water uptake in woody plants relates to groundwater level and vegetation structure along a topographic gradient in a neotropical savanna [J]. Environmental & Experimental Botany, 2012 (77): 259 – 266.

[204] Roussel M. , Dreyer E. , Montpied P. , Le-Provost G. , Guehl J. M. , Brendel O. The diversity of ^{13}C isotope discrimination in a Quercus robur full-sib family is associated with differences in intrinsic water use efficiency, transpiration efficiency, and stomatal conductance [J]. Journal of Experimental Botany, 2009, 60: 2419 – 2431.

[205] Schleser G. H. Investigations of the $\delta^{13}C$ pattern in leaves of Fagus sylvatica L [J]. Journal of Experimental Botany, 1990, 41: 565 – 572.

[206] Schwinning S. , Starr I. , Ehleringer J. R. Summer and winter drought in a cold desert ecosystem (Colorado Plateau) part I: effects on soil water and plant water uptake [J]. Journal of Arid Environments, 2005, 60 (4): 547 – 566.

[207] Snyder K. A. , Williams D. G. Water source used by riparian trees varies among stream types on the San Pedro River, Arizona [J]. Agricultural and Forest Meteorology, 2000 (105): 227 – 240.

[208] Sun B. N. , Dilcher D. L. , Beerling D. J. , Zhang C. J. , Yan D. F. , Kowalski E. Variation in Ginkgo biloba L. leaf characters across a climatic gradient in China [J]. Proceedings of the National Academy of Sciences of the United States of America, 2003, 100: 7141 – 7146.

[209] Sun Y. L. , Li X. Y. , Xu H. Y. et al. Effect of soil crust on evaporation and dew deposition in Mu Us sandy land, China [J]. Frontiers of environmental science & engineering in China, 2008 (2): 480 – 486.

[210] Temina M. , Kidron G. J. Lichens as biomarkers for dew amount and duration in the Negev Desert [J]. Flora-Morphology, Distribution, Functional

Ecology of Plants, 2011 (206): 646 – 652.

[211] Thorburn J., Walker R. Variations in stream water uptake by Eucalyptus camaldulensis with differing access to stream water [J]. Oecologia, 1994, 100 (3): 293 – 301.

[212] Tracy L., David R., Delphis F. Soil moisture: A central and unifying theme in physical geography. [J]. Progress in Physical Geography, 2011, 35 (1): 65 – 86.

[213] Wang J., Sun T. H., Li P. J. Research progress on environmental carrying capacity [J]. Chinese Journal of Applied Ecology, 2005, 16 (4): 768 – 772 (in Chinese).

[214] Wang M. Y., Guan S. H., Wang Y. Soil moisture regimen and application for plants in Maowusu transition zone from sand land to desert [J]. Journal of Arid Land Resources and Environment, 2002, 16 (2): 37 – 44 (in Chinese).

[215] Wang X. P., Berndtsson R., Li X. R. et al. Water balance change for a re-vegetated xerophyte shrub area [J]. Hydrological Sciences Journal, 2004 (49): 283 – 295.

[216] Wang X. P., Zhang Z. S., Zhang J. G. et al. Review to researches on desert vegetation influencing soil hydrological processes [J]. Journal of Desert Research, 2005, 25 (2): 196 – 201 (in Chinese).

[217] Wang Y. H., Yu P. T., Xiong W. Water yield reduction after afforestation and related processes in the semiarid Liupan Mountains, Northwest China [J]. Journal of the American Water Resources Association, 2008 (44): 1086 – 1097.

[218] Wang Z., Wang L., Liu L. Y. et al. Preliminary study on soil moisture content in dried layer of sand dunes in the Mu Us sandland [J]. Arid Zone Research, 2006, 23 (1): 89 – 92 (in Chinese).

[219] West N. E. Structure and function of microphytic soil crusts in wildland ecosystems of arid to semiarid regions [J]. Advances in Ecological Research, 1990 (20): 179 – 223.

［220］White W. , Cook R. , Lawrence J. R. The D/H ratios of sap in trees: Implications for water sources and tree ring D/H ratios ［J］. Geochimica et Cosmochimica Acta, 1985, 49 (1): 237 –246.

［221］Xiao H. , Meissner R. , Seeger J. et al. Effect of vegetation type and growth stage on dewfall, determined with high precision weighing lysimeters at a site in northern Germany ［J］. Journal of Hydrology, 2009 (377): 43 –49.

［222］Xia Y. Q. , Shao M. A. Soil water carrying capacity for vegetation: A hydrologic and biogeochemical process model solution ［J］. Ecological Modelling, 2008 (214): 112 –124.

［223］Xu X. , Guan H. D. , Skrzypek G. , Simmons C. T. Response of leaf stable carbon isotope composition to temporal and spatial variabilities of aridity index on two opposite hillslopes in a native vegetated catchment ［J］. Journal of Hydrology, 2017 (553): 214 –223.

［224］Yang Z. P. , Li X. Y. , Liu L. Y. et al. Characteristics of stem flow for sand-fixed shrubs in Mu Us sandy land, Northwest China ［J］. Chinese Science Bulletin, 2008, 53 (14): 2214 –2221.

［225］Zhang J. , Liu G. B. , Xu M. X. et al. Influence of vegetation factors on biological soil crust cover on rehabilitated grassland in the hilly Loess Plateau, China ［J］. Environmental Earth Science, 2013 (68): 1099 –1105.

［226］Zhang J. , Zhang Y. M. , Downing A. et al. The influence of biological soil crusts on dew deposition in Gurbantunggut Desert, Northwestern China ［J］. Journal of Hydrology, 2009 (379): 220 –228.

［227］Zhang L. , Sun P. S. , Huettmann F. , Liu S. R. Where should China practice forestry in a warming world? ［J］. Global Change Biology, 2022 (28): 2461 –2475.

［228］Zhang Y. , Cao C. Y. , Han X. S. et al. Soil nutrient and microbiological property recoveries via native shrub and semi-shrub plantations on moving sand dunes in Northeast China ［J］. Ecological Engineering, 2013 (53): 1 –5.

［229］Zhao H. L. , Guo Y. R. , Zhou R. L. et al. Biological soil crust and surface soil properties in different vegetation types of Horqin Sand Land, China ［J］.

Catena, 2010 (82): 70 - 76.

[230] Zhao H. L. , Guo Y. R. , Zhou R. L. et al. The effects of plantation development on biological soil crust and topsoil properties in a desert in northern China [J]. Geoderma, 2011 (160): 367 - 372.

[231] Zhao W. Z. , Cheng G. D. Comment on some problems of eco-hydrologic process in arid area [J]. Chinese Science Bulletin, 2001, 46 (22): 1851 - 1857.

[232] Zhao Y. , Zhang P. , Hu Y. G. et al. Effects of re-vegetation on herbaceous species composition and biological soil crusts development in a coal mine dumping site [J]. Environmental Management, 2016 (57): 298 - 307.

[233] Zheng S. X. , Shangguan Z. P. Spatial patterns of foliar stable carbon isotope compositions of C_3 plant species in the Loess Plateau of China [J]. Ecological Research, 2007, 22: 342 - 353.

[234] Zimmermann U. , Münnich O. , Roether W. Tracers determine movement of soil moisture andevapotranspiration [J]. Science, 1966, 152 (3720): 346 - 347.

[235] Zou X. A. , Zhao X. Y. , Zhao H. L. et al. Spatial pattern and heterogeneity of soil organic carbon and nitrogen in sand dunes related to vegetation change and geomorphic position in Horqin Sandy Land, Northern China [J]. Environmental Monitoring & Assessment, 2010 (164): 29 - 42.